電気法規および施設管理

松浦 正博
蒔田 鐵夫 共著

コロナ社

まえがき

　技術系法令の学術書は，つねに新しい技術情報と法規制の実情をフォローすることが重要であることは論をまたない。一方，大学，高専などでは，近年顕著な現象として電気工学のカリキュラム構成が，電気主任技術者国家試験（通称・電験）の試験科目を規準としてこれに対応させるという伝統的形態がしだいに崩れ，電力・エネルギー分野の教科配当時間が圧縮されつつある。したがって，この分野での教科プログラムは間口を狭めるか，奥行きを浅くして対応せざるをえないのが実情である。

　本書の前身である「電気法規および電気施設管理」を約35年前に上梓し，その後書名を「新編電気法規・施設管理」と改め，著者らは今日まで教科の教材として現場で使用してきた。その間たびたび内容の改訂を行ってきたが，そろそろ適正使用期限が到来したように感じていた。その矢先，はからずも当該著書が「平成13年度・電気設備学会著作賞」をいただくこととなり，著者自身，真に忸怩たる思いとともに公的な責任も痛感しているところである。

　このような背景を踏まえて，本書はその内容を検討し改編を試みたもので，旧著とほぼ同様の構成で電気関係法令と電気施設管理の基本事項を軸にして，教科の実態に即した事項を取り上げて教科書ならびに参考書として利用されるように配慮している。なお電験受験用学習のためには本書のほかに「電気設備技術基準及び同解釈」を別途備えていただきたい。なお，本書から松浦正博と時田鐡夫の共著となる。

　最後に，本書の発行にご尽力をいただいたコロナ社の方々，ならびに文献・資料を参照させていただいた執筆者，関係機関，さらに執筆の過程でご協力を賜った関係諸氏にあわせて厚く御礼申し上げる次第である。

　2003年11月

著者しるす

　電気関係法令の根幹とされる「電気事業法」が平成26（2014）年に大改正され，これに関連する法令，事象等を第5刷に記述した。　　　（2017年3月）

目　　次

電　気　法　規　編

第1章　総　　　論

第2章　電気事業と電気関係法令の沿革

第3章　電気関係法令の概要

3.1　電気関係法令の体系 …………………………………… *12*
3.2　法令用語の解説 ………………………………………… *14*
3.3　法文中の限定，接続などに用いる語の用法 ………… *16*

第4章　電気事業法および関係法令

4.1　電気事業法の概要 ……………………………………… *18*
4.2　電気事業の運営に関する規制 ………………………… *19*
　4.2.1　目的および定義 …………………………………… *19*
　4.2.2　電気事業の業務に関する規制 …………………… *24*
　4.2.3　会計および財務に関する規制 …………………… *27*
4.3　電気工作物に関する規制 ……………………………… *28*
　4.3.1　電気工作物の区分 ………………………………… *28*
　4.3.2　事業用電気工作物に関する規定 ………………… *30*
　4.3.3　一般用電気工作物に関する規定 ………………… *49*
　4.3.4　公益事業特権 ……………………………………… *52*

4.3.5　主任技術者免状 ……………………………………………… 53
　4.3.6　報告および立入検査 ………………………………………… 58

第5章　電気設備の保安に関する法令

5.1　電気工事士法 ………………………………………………………… 62
　5.1.1　電気工事士法の変遷 …………………………………………… 62
　5.1.2　目的および定義 ………………………………………………… 62
　5.1.3　無資格者の電気工事の禁止 …………………………………… 64
　5.1.4　電気工事士免状および試験 …………………………………… 66
　5.1.5　電気工事士の義務 ……………………………………………… 69
5.2　電気工事業の業務の適正化に関する法律（略称　電気工事業法） … 70
　5.2.1　目的および定義 ………………………………………………… 70
　5.2.2　電気工事業者の登録の規定 …………………………………… 71
　5.2.3　業務上の規制 …………………………………………………… 72
5.3　電気用品安全法 ……………………………………………………… 74
　5.3.1　目的および定義 ………………………………………………… 74
　5.3.2　電気用品の製造，輸入に関する規制 ………………………… 76
　5.3.3　違法電気用品の販売・使用の制限 …………………………… 81
　5.3.4　認定検査機関および承認検査機関 …………………………… 82
　5.3.5　工業標準化法と電気用品のJIS表示 ………………………… 82
5.4　建設・消防に関する法令 …………………………………………… 83
　5.4.1　建築基準法および関係法令 …………………………………… 83
　5.4.2　建設業法および関係法令 ……………………………………… 90
　5.4.3　消防法および関係法令 ………………………………………… 93

第6章　電気設備に関する技術基準

6.1　電気設備技術基準の概要 …………………………………………… 103
　6.1.1　総則（第1章　第1条～第19条） …………………………… 103
　6.1.2　電気の供給のための電気設備の施設（第2章　第20条～第55条） … 103
　6.1.3　電気使用場所の施設（第3章　第56条～第78条） ………… 104

6.2　電気設備技術基準の解釈 ………………………………… 104
　6.2.1　解釈の法的関与 ………………………………………… 104
　6.2.2　解釈の概要 ……………………………………………… 104

第7章　計量法および関係法令

7.1　現行計量法成立の経緯 …………………………………… 106
7.2　目的および定義 …………………………………………… 106
7.3　計　量　単　位 …………………………………………… 108
7.4　国際単位系（SI） ………………………………………… 110
7.5　電気計器の供給に関する規制 …………………………… 112
7.6　使用の制限に関する規定 ………………………………… 114
7.7　検定に関する規定 ………………………………………… 114
7.8　型式の承認に関する規定 ………………………………… 116

第8章　電気に関連するその他の法令

8.1　国の特別施策に関する法令 ……………………………… 117
　8.1.1　電源開発促進法（旧法）と電源開発株式会社 ……… 117
　8.1.2　電源三法（略称）および石油代替エネルギー法（略称） ……… 118
　8.1.3　農山漁村電気導入促進法 ……………………………… 119
　8.1.4　電気事業および石炭鉱業における争議行為の方法の
　　　　　規制に関する法律 ……………………………………… 119
　8.1.5　土地収用法および公共用地の取得に関する特別措置法 ……… 119
　8.1.6　エネルギーの使用の合理化に関する法律 …………… 120
8.2　環境関係法令 ……………………………………………… 122
　8.2.1　環境関係法令の概要 …………………………………… 122
　8.2.2　環　境　基　本　法 …………………………………… 124
　8.2.3　大気汚染防止法 ………………………………………… 126
　8.2.4　騒　音　規　制　法 …………………………………… 129
　8.2.5　振　動　規　制　法 …………………………………… 131

第9章　電気通信関係法令

- 9.1　電　波　法 ……………………………………………………… 133
- 9.2　放　送　法 ……………………………………………………… 137
- 9.3　電気通信事業法 ………………………………………………… 137

施 設 管 理 編

第1章　総　　論

- 1.1　電気施設管理ならびに電気設備工学の意義と関係法令 ……… 141
- 1.2　電気事業およびその特性 ……………………………………… 142
  - 1.2.1　一般電気事業者 …………………………………………… 142
  - 1.2.2　卸電気事業者 ……………………………………………… 143
  - 1.2.3　特定電気事業者 …………………………………………… 147
  - 1.2.4　小売電気事業者および一般電気事業の変動 …………… 147
  - 1.2.5　沖縄の電気事業者 ………………………………………… 148
  - 1.2.6　周 波 数 分 布 …………………………………………… 148
  - 1.2.7　電気事業の特性 …………………………………………… 150
- 1.3　わが国電気事業の現況 ………………………………………… 153
  - 1.3.1　電力需要実績 ……………………………………………… 153
  - 1.3.2　電力需要構造の動向 ……………………………………… 157
  - 1.3.3　需要の増大と供給力確保の問題 ………………………… 158

第2章　電力需給と建設計画

- 2.1　負荷の種類と特性 ……………………………………………… 160
  - 2.1.1　需 要 の 種 別 …………………………………………… 160
  - 2.1.2　負 荷 の 特 性 …………………………………………… 160
- 2.2　供給力の種類と特性 …………………………………………… 167
  - 2.2.1　出 力 の 種 類 …………………………………………… 168

2.2.2　水　力　供　給　力 ……………………………………… *169*
　2.2.3　火　力　供　給　力 ……………………………………… *171*
　2.2.4　原 子 力 供 給 力 ……………………………………… *171*
2.3　電力需給および調整 ……………………………………………… *172*
　2.3.1　需要の変動と供給対策 …………………………………… *172*
　2.3.2　電力需給バランス ………………………………………… *173*
　2.3.3　電 力 損 失 率 ……………………………………… *174*
　2.3.4　電 力 需 給 計 画 ……………………………………… *175*
　2.3.5　需　給　調　整 ……………………………………… *176*
2.4　建　設　計　画 ………………………………………………… *177*
　2.4.1　電 力 需 要 想 定 ……………………………………… *177*
　2.4.2　電　源　開　発 ……………………………………… *178*
　2.4.3　電源開発に伴う諸問題 …………………………………… *179*

第3章　電力施設の運転，保守および運用

3.1　運転および保守 …………………………………………………… *185*
　3.1.1　運転，保守業務に関する規程 ……………………………… *185*
　3.1.2　電気による障害および事故 ………………………………… *185*
3.2　電力系統の運用 …………………………………………………… *189*
　3.2.1　電力系統の運用上の要点 …………………………………… *189*
　3.2.2　電力系統の構成 ……………………………………………… *190*
　3.2.3　電力系統の連系 ……………………………………………… *191*
　3.2.4　給　電　業　務 ……………………………………… *192*

第4章　電 気 事 業 経 理

4.1　電気事業経理の概要 ……………………………………………… *194*
　4.1.1　電気事業経理の特質 ………………………………………… *194*
　4.1.2　電気事業経理の動向 ………………………………………… *194*
　4.1.3　電気事業経理と会計 ………………………………………… *195*
　4.1.4　電 気 供 給 約 款 ……………………………………… *196*
4.2　電　気　料　金 ………………………………………………… *201*

  4.2.1　電気料金決定の原則 …………………………… 201
  4.2.2　電気料金制度 ……………………………………… 201
 4.3　電　力　原　価 ……………………………………………… 204
  4.3.1　電力原価の意義 …………………………………… 204
  4.3.2　総　括　原　価 …………………………………… 205
  4.3.3　減　価　償　却 …………………………………… 206
  4.3.4　原　価　配　分 …………………………………… 209

第5章　自家用電気工作物管理

 5.1　保守管理体制 …………………………………………… 211
 5.2　運営上の諸規定 ………………………………………… 215

参　考　文　献 ……………………………………………… 218
索　　　　　引 ……………………………………………… 220

電気法規編

第1章 総論

　われわれの社会では，生活の様式，思想などはつねに流動的であり，このような社会では法規制によって秩序を維持することが重要な条件である。また実際に，法令などは社会の変動に従って改編されていることがわかる。

　電気の専門分野では，電気事業および電気施設はほかの一般事業および施設と比較して，かずかずの経済的，ならびに技術的な特質をもっているため，事業の内容や保安などについて特に厳格な法規制が要求されている。このような電力需給に関する法規制については「電気事業法」が基本法となり，さらに，保安に関しては電気事業法をはじめ「電気設備技術基準」，「電気工事士法」，「電気用品安全法」，「電気工事業法（略称）」などがあり，「消防法」，「建築基準法」なども間接的に関係している。そのほか本書では，電気事業および電気工作物に関係の深い「計量法」，「国の特別施策に関する法令」，「環境関係法令」，「電気通信関係法令」などについても，その法概念を把握する目的でひととおり取り上げることにした。

　学生，生徒が電気工学を修得して卒業し，社会人として専門職に就くとき特別な知識や技術を要求される職種が増えてきた。その多くは国が法律で定めた資格制度とかかわりをもっているのが現状である。本書では，これらの資格制

度のうち電気工学に関連の深い「電気主任技術者」,「電気工事士」,「主任電気工事士」,「消防設備士」,「電気管理士（エネルギー管理士）」,「無線従事者（無線技術士ほか）」,「電気通信主任技術者」,「工事担任者」,「建築設備士」,「電気工事施工管理技士」などについて述べている。

第2章　電気事業と電気関係法令の沿革

わが国の電気事業，電力技術の変遷をみるとき，産業や国民生活の発展ならびに向上と密接な関係があることがわかる。このように，電気事業および電気技術の規模の拡大化，内容の複雑多様化に伴って，これらを規制する関係法令も時代とともに移り変わっている。これらの沿革を**表2.1**に示した。

表 2.1　電気事業と電気関係法令の沿革

年　月	記　　　　事
〔1〕電気事業創業時代（保安取締時代）	
明治 11.3 (1878)	東京電信中央局開業式当日夜，工部大学校においてグローブ電池によるアーク灯点灯 　（わが国の電灯の始まり。電気記念日〈3月25日〉のいわれ）
16.2 (1883)	有限責任東京電灯会社（東京電力の前身）設立 　（電気事業の始まり。当時の事業は警察によって監督された）
17.6 (1884)	上野－高崎間汽車開通式に天皇・皇后両陛下の立食所において発電機によりアーク灯と白熱電灯を点灯 　（わが国の白熱電灯の始まり）
19.6 (1886)	内閣官報局にエジソン式直流発電機（15 kW）を設置 　（自家用電気施設の始まり）
20.11 (1887)	東京電灯会社が東京日本橋に火力発電所を設置し，エジソン式直流発電機（25 kW，4台）により，一般電気供給を開始 　（電気事業の営業の始まり。当時は10燭光1灯当り〈1箇月〉半夜灯1円，終夜灯1円70銭，当時の相場，米1俵1円46銭）
23.5 (1890)	東京電灯会社が，上野公園の内国勧業博覧会会場から400 mの間電車を運転 　（電気鉄道の始まり）
23.8	栃木県，下野麻紡績会社（後の帝国製麻会社）が，65馬力水車発電機（49 kW）で工場用電灯に供給 　（水力発電の始まり）
23.11	東京浅草の凌雲閣（通称十二階）でエレベータ用の7馬力の発電機を設置 　（動力用電気供給の始まり）
24.7 (1891)	逓信省に電務局を設置（勅令 95） 　（電気事業の監督取締りは逓信省所管となる）
24.8	逓信省訓令（7号）発令 　（従来，電気に関する法令は地方庁（東京では警視庁）における「原動機取締規則」のみによっていたが，電気事業の許可は，逓信大臣の認可を得た各地方庁の取締規則により施行すべきことを命令）

4　第2章　電気事業と電気関係法令の沿革

年　月	記　　　　事
明治 24.12	警視庁が「電気営業取締規則」（警察令 23）公布 （電気営業の事業規制と保安規制を主体とし，料金制にもふれる。わが国の電気事業監督法規の始まり）
25.4 (1892)	京都市が琵琶湖疎水による蹴上水力発電所（直流 500 V，80 kW），交流 1 000 V，25 Hz，80 kW）の運転開始 （電気事業用水力発電の始まり）
28.2 (1895)	京都電気鉄道会社が，京都－伏見間 6 km に電車運転開始 （一般電気鉄道の始まり）
29.5 (1896)	「電気事業取締規則」（省 5）公布 （電気事業の定義に電気鉄道事業，自家用電力事業を含む）
32.4 (1899)	福島県，郡山絹糸紡績会社（現 日東紡績会社）が，猪苗代湖の安積（あさか）疎水によって，沼上発電所（300 kW）を運転し，同社工場まで 24 km，11 kV の特別高圧送電を開始 （自家用特別高圧電線路の始まり）
32.4	広島水力電気会社が黒瀬川発電所からは広島まで 26 km，呉まで 9 km，11 kV の特別高圧送電を開始 （電気事業用特別高圧電線路の始まり）
35.11 (1902)	「官庁施設電気事業取締規定」（省 55）公布 （官庁用の電気施設の取締りを目的）
40.12 (1907)	東京電灯が山梨県に駒橋発電所（15 000 kW）を建設し，東京早稲田まで 80 km，55 kV の長距離送電開始 （水力発電による東京への電気供給の始まり。水力発電設備と送電技術の発達の成果）
40.12	「特別高圧電線路取締規則」（省 55）公布 （危険予防と一般人の送電妨害防止を目的）

〔2〕　電気事業発展時代（保護助長時代）

年　月	記　　　　事
明治 42.7 (1909)	逓信省に電気局を設置
43.3 (1910)	「電気測定法」（法 26）公布 （電気の計量単位と取引用計器の検定制度の始まり）
43.4	逓信省に臨時発電水力調査局を設置。第一次発電水力調査を実施 （わが国で初めて水力資源の実地調査資料を作成）
44.3 (1911)	「電気事業法」（法 55）公布，同年 10 月施行 （電気事業に関する最初の法律で，電気事業の定義は電気供給事業と電気鉄道事業とし，自家用電気事業は除外）
44.9	「自家用電気工作物施設規則」（省 31）公布 （従来の自家用電気事業者は，自家用電気施設者となり本法令を適用）
44.9	「電気事業主任技術者資格検定規則」（省 27）公布 （第一級から第五級までの資格を規定）
44.9	「電気工事規程」（省 26）公布 （後の「電気工作物規程」，現在の「電気設備技術基準」の前身）
44.9	「電気事業法第 17 条により電気事業法を準用する件」（勅 237）公布 （準用事業〈卸電気事業等〉に関する最初の規定）

第2章　電気事業と電気関係法令の沿革　5

年　月	記　事
明治 44.12	「電気計器の公差，検定及び検定手数料に関する件」（勅 295）公布 　　（計器公差 4/100，検定有効期限 5 年などを規定）
大正 4.6 (1915)	猪苗代水力電気が猪苗代第一発電所（37 500 kW）建設，東京まで 227 km，115 kV の特高送電開始 　　（これを機に大電力発送電設備が各地に出現）
7.5 (1918)	北海道空知川に野花南ダム発電所（5 100 kW）落成 　　（わが国最初のダム式発電所）
8.10 (1919)	東京電灯が初めて麹町開閉所に配給所（load dispatcher－現今の給電司令所に相当）を設置
8.10	「電気工作物規程」（省 85）公布 　　（従来の「電気工事規程」にかわる法令）
8.12	日本電力（株）設立 　　（卸電気事業会社の始まり）
10.5 (1921)	改正「電気事業主任技術者資格検定規則」（省 24）公布 　　（従来の第 1 級は第 1 種，第 2 級，3 級は第 2 種，第 4 級，5 級は第 3 種に改正。学校認定制と選考検定制度の設置）
12.5 (1923)	京浜電力が長野県，竜島発電所（11 160 kW）から横浜まで 202 km，154 kV の特別高圧送電開始 　　（154 kV 主要送電系統は，昭和 27 年まで続く）
大正 12.6 (1923)	東京電灯が電気事業で初めて外債に成功（英貨債 300 万ポンド） 　　（資金調達に外債を発行した始まり）

(注) 大正 7 年 (1918)～昭和 7 年 (1932)
① 第 1 次世界大戦終戦（大正 7 年），② 世界大戦後の不況，③ 電力設備過剰，④ 経営困難，⑤ 企業合同，⑥ 過当競争，⑦ 事業収支の悪化
これらの現象が順次出現し，政府もこの対策にのり出す。

〔3〕　電気事業統制時代（監督強化の時代）

昭和 4.1 (1929)	臨時電気事業調査会設置 　　（当時の電気事業の経営難対策を審議する機関で，改正電気事業法の原案を答申）
6.4 (1931)	「電気事業法」（法 61）の全文改正公布 　　（従来，準用事業となっていた卸電気事業も本法に含め，その他公益的監督規定，料金認可規定，その他事業統制の規定が追加）
7.4 (1932)	5 大電力会社（東京電灯，東邦電力，大同電力，宇治川電気，日本電力）の協調機関として電力連盟（カルテル）を結成 　　（従来の送配電施設の 2 重投資，料金値下げ競争などの弊害を反省して自主統制を意図したもの）
8.5 (1933)	長野県上水内郡に池尻川発電所（3 270 kW）落成 　　（わが国最初の揚水式発電所）
10.6 (1935)	「発電用高堰堤規則」（省 18）公布 　　（高堰堤－ダムの定義，高さ 15 m 以上と規定）
10.9	「電気用品取締規則」（省 30）公布（独立命令） 　　（「電気用品取締法」の前身）
10.9	「電気工事人取締規則」（省 31）公布（独立命令）

年　月	記　　　　事
11.10 (1936)	(電気工事従事者の免許制度の始まり。憲法抵触の理由で昭和21年に失効) 内閣が電力国営を目的とする電力国家管理要綱を決定 (これに対して電力会社，財界はあげて反対)

〔4〕 電力国家管理時代（日華事変・太平洋戦争時代）

年　月	記　　　　事
昭和13.4	「電力管理法」(法 76) 公布，各条文ごとに施行
13.4 (1938)	「日本発送電株式会社法」(法 77) 公布，14年4月同会社設立 (電力の国家管理体制の始まりで，発電，送電部門を政府の管理下に置き，政府，民間出資の同社が発送電の主要部分を所有し，電力経済の総合統制を行う)
14.4 (1939)	逓信省電気局を廃止，電気庁を設立 (法令中の「逓信大臣」を「電気庁長官」と改正)
14.10	「電力調整令」公布 (法による電力制限の始まりで，以後電力管理はますます強化)
14.11	鴨緑江水電会社，水豊発電所用発電機 (100 000 kVA)，水車 (105 000 kW) を東芝と電業社が製造 (当時の世界最大容量機)
16.8 (1941)	「配電統制令」(勅 832) 公布 (国家総動員法に基づく。日本全国を9地区に分け，配電関係事業を整理統合して配電会社9社を設立。9社の占有率は全国の95％。この体制で日本発送電と9配電会社は政府の一元統制を受ける)
17.11 (1942)	「電気庁」を廃止，「逓信省電気局」を設置
18.11 (1943)	「軍需省」を設置。逓信省電気局は軍需省電力局に変更
20.8 (1945)	終戦により「国家総動員法」廃止，軍需省を廃止し，商工省に電気局を設置
20.10	関門海峡横断 100 kV 送電幹線 (下関—小倉間) 完成 (本州と九州間の送電連絡の始まり)
21.9 (1946)	「電気事業法」(法 22) 改正公布 (「国家総動員法」，「配電統制令」，「電力調整令」廃止に伴う追加措置で，電気事業から電気鉄道事業を除外，電気用品関係の規定の追加。電気工事人取締規則は失効)
21.10	「配電統制令」，「電力調整令」失効 (配電会社は一般商法上の電気事業会社となる)

〔5〕 電力再編成時代（戦後変革の時代）

年　月	記　　　　事
昭和22.12 (1947)	「過渡経済力集中排除法」(法 207) 公布 (財閥などとともに戦時中統制集中された企業が指定され，分割縮小した。電気事業も本法の指定を受け，内閣の審議会で検討し9分割案の方針を決定)
24.5 (1949)	商工省を廃止し，「通商産業省」を設置。資源庁に電力局を設置
24.12	「電気工作物規程」(省 76) 改正公布 (戦後の国内事情に即し，施設の制限緩和を行う)

第2章　電気事業と電気関係法令の沿革

年　月	記　　　事
昭和25.11 (1950)	「電気事業再編成令」（政342），「公益事業令」（政343）公布 　（占領軍総司令部の指示によるポツダム政令として制定。電気事業を9分割し，従来の電気事業法の保安監督事項のみ有効とし，ガス事業も公益事業に含めた）
25.12	「公益事業委員会」を設置。資源庁の部局を改正 　（同委員会が事業規制，資源庁が保安規制を行う）
26.5 (1951)	日本発送電と9配電会社を解散，9電力会社設立 　（国家管理体制から，民営企業に還元）
27.7 (1952)	関西電力の新北陸幹線が送電開始 　（275 kV 超高圧送電系統の始まり）
27.7	「電源開発促進法」（法283）公布 　（戦後，資材・資金不足のため電源開発が遅滞し，電力不足が生じたので国策で開発を推進するのが目的）（注）　平成15 (2003).10　同法廃止
27.8	資源庁廃止，通商産業省に公益事業局設置
27.9	電源開発（株）を発足（注）　平成16.10　特殊法人から民営化に移行
27.12	「電気及びガスに関する臨時措置に関する法律」（法341），「同法律施行規則」（省99）公布施行 　（27年4月講和条約の発効により，ポツダム政令である「公益事業令」，「電気事業再編成令」が10月27日限りで失効するため，両政令をとりあえず新法制定まで復活継続させるもの）
27.12	「農山漁村電気導入促進法」（法358）公布 　（未点灯地域などに対する電気の導入を目的とする）
29.3 (1954)	「ガス事業法」公布（4月1日施行）に伴い，「電気及びガスに関する臨時措置に関する法律」は「電気に関する臨時措置に関する法律」と改称
29.4	「電気工作物規程」（省13）公布 　（従来の制限緩和の廃止と技術革新に伴う内容の改訂）
30.5 (1955)	九州電力，上椎葉発電所（90 000 kW）落成 　（わが国最初のアーチダム）
30.12	「原子力基本法」（法186）公布 　（原子力の研究，開発，利用に関する最初の法律）
31.2 (1956)	常磐共同火力（株）（470 000 kW）が発足 　（わが国共同火力発電事業の始まり）
31.4	電源開発，佐久間発電所（350 000 kW）運転開始 　（当時，わが国最大の水力発電所で，50 Hz，60 Hz の発電機おのおの2台を設置）
32.9 (1957)	中部電力，井川発電所運転開始（62 000 kW） 　（わが国最初のホローグラビティダム）
32.11	北海道電力，豊富発電所運転開始（2 000 kW） 　（わが国で最初に天然ガス利用タービンを使用した発電所）
32.11	日本原子力発電（株）を設立

〔6〕　高度成長期の電気事業運営時代（エネルギー多様化時代）

年　月	記　　　事
昭和33.4 (1958)	9電力会社と電源開発（株）が協力して「中央電力協議会」と各「地域電力協議会」を設立，発足 　（広域運営の推進と需給ならびに料金の安定を協議実行）

年　月	記　　事
昭和 34.8 (1959)	四国電力，大森川発電所（11 800 kW）運転開始 　　（わが国最初の可逆ポンプ水車式揚水発電所）
34.12	東北電力，入来田発電所（1 220 kW）運転開始 　　（わが国最初のチューブラタービン発電所）
35.8 (1960)	「電気工事士法」（法 139）公布 　　（旧「電気工事人取締規則」とほぼ同様の趣旨で復活）
36.2 (1961)	九州電力，諸塚発電所（50 000 kW）落成 　　（当時わが国最大の揚水式発電所）
36.5	電源開発，御母衣発電所（215 000 kW）運転開始 　　（わが国最大のロックフィルダムによる発電所）
36.11	「電気用品取締法」（法 234）公布（37 年 8 月施行）
37.4 (1962)	通商産業省に電気事業審議会を設置 　　（同審議会は 38 年 10 月，電気事業法の骨子を答申）
37.10	電源開発の中四幹線が送電開始（220 kV）
38.6 (1963)	関西電力，黒部川第四発電所（258 000 kW）運転開始 　　（わが国最大高さ（186 m）のアーチ式ダムで，わが国最大の立て軸ペルトン水車を使用）
38.10	日本原子力研究所が試験研究原子力発電所（JPDR）でわが国最初の原子力発電（12 500 kW）に成功。（原子力の日〈10 月 26 日〉の由来）
39.7	新「電気事業法」（法 170）公布（40 年 7 月施行）
39.11	中部電力，四日市火力発電所（3 000 Nm³/h）で初の乾式排煙脱硫装置の運転試験開始
39.12	日本電気計器検定所（特殊法人）設立
40.6 (1965)	「電気設備に関する技術基準を定める省令」（省 61）公布 　　（従来の「電気工作物規程」にかわる法令で，このほか水力，火力，原子力など関係技術基準も同時に制定）
40.10	電源開発，佐久間周波数変換所（容量 300 000 kW）が完成 　　（わが国最初の 50，60 Hz 両系統常時連系施設）
40.11	日本原子力発電が，わが国最初の実用規模の原子力発電（166 000 kW）に成功。41 年 7 月営業運転開始
40.12	全国 9 地区に電気保安協会設立
41.2 (1966)	東京電力が東京第 2 外輪線として房総線を完成 　　（わが国最初の 500 kV 超高圧送電系統）
41.7	「計量法」を改正（法 112）公布（計器の計量単位，計器に関する法的規制が本法に包含され，従来の電気測定法は廃止）
41.10	東化工，松川地熱発電所（20 000 kW）運転開始 　　（わが国最初の本格的地熱発電所）
42.8 (1967)	九州電力，大岳地熱発電所（11 000 kW）運転開始 　　（電気事業用として最初の地熱発電所）
42.8	「公害対策基本法」（法 132）公布（わが国最初の公害防止に関する法律）
昭和 42.12	東京電力，姉ヶ崎火力発電所（1 号機 600 000 kW，蒸気圧 246 kg/cm²，温度 538/566 °C）運転開始 　　（わが国最初の超臨界圧火力発電設備。当時単機容量わが国最大）

年　月	記　事
43.5 (1968)	改正・「電気用品取締法」（法 56）公布，同 11 月施行 　（対象範囲を拡大し，従来の用品を甲種とし，新たに乙種を追加）
45.3 (1970)	日本原子力発電，敦賀発電所（357 000 kW）営業運転開始 　（わが国最初の軽水冷却沸騰水形〈BWR〉発電所）
45.4	東京電力，南横浜火力発電所（2 号機 350 000 kW）運転開始 　（わが国最初の LNG〈液化天然ガス〉専焼の発電所）
45.5	「電気工事業の業務の適正化に関する法律」（法 96）公布，同年 11 月施行
45.7	関西電力，喜撰山発電所（2 号機，466 000 kW）運転開始 　（わが国最大の単機容量をもつ純揚水式発電所）
45.11	関西電力，美浜原子力発電所（1 号機 340 000 kW）運転開始 　（電力会社の手によるわが国最初の原子力発電所）
46.3 (1971)	東京電力，福島原子力発電所（1 号機 460 000 kW）運転開始 　（電力会社によって計画・着工した最初の原子力発電所）
46.7	環境庁発足
47.6 (1972)	熱供給事業法（法 88）公布 　（電気・ガスについで第 3 のエネルギー供給事業の始まり）
47.7	沖縄電力（株）設立 　（沖縄復帰に伴い，琉球電力公社を譲り受けた政府全額出資の会社）
47.8	四日市ぜんそく訴訟判決で被告側企業 6 社が敗訴 　（わが国最初の公害裁判の判決）
48.1 (1973)	東京電力，川崎火力発電所（5 号機 175 000 kW）運転開始 　（わが国最初のナフサだき発電所）
48.5	東京電力，房総線（500 000 V）運転開始
48.5	電源開発，沼原発電所（1 号機 225 000 kW）運転開始 　（世界最高の揚程〈528 m〉の純揚水式発電所）
48.7	資源エネルギー庁設置。電力行政を通商産業省から同庁公益事業部に移管

〔7〕　低成長期の電気事業運営時代（エネルギー計画・管理時代）

年　月	記　事
昭和 49.1 (1974)	「電気使用制限規則（通 2）」公布 　（契約 500 kW 以上の使用電力量を制限）
49.3	中国電力，島根原子力発電所（460 000 kW）運転開始 　（わが国最初の国産原子炉〈BWR 形〉）
49.6	「電源開発促進税法」（法 79），「電源開発促進対策特別会計法」（法 80）， 「発電用周辺地域整備法」（法 79）の電源三法公布
49.9	東京電力，鹿島火力発電所 5 号機（1 000 000 kW）運転開始 　（単機容量わが国最大）
50.6 (1975)	関西電力，奥多々良木発電所（1 212 000 kW）運転開始 　（わが国最大の揚水式水力発電所）
51.4	沖縄電力，5 配電会社を吸収合併
昭和 52.4 (1977)	動燃事業団 FBR 実験炉「常陽」（熱出力 50 000 kW）が臨界に達する 　（わが国最初の液体金属冷却高速増殖炉〈LMFBR〉）
52.12	新信濃周波数変換所（容量 300 000 kW）運転開始
54.3 (1979)	関西電力，大飯発電所（1 号機 1 175 000 kW）運転開始 　（加圧水形軽水炉としてはわが国最大の出力）

年　月	記　　　事
54.6	「エネルギー使用の合理化に関する法律」（法 49）公布
54.12	北海道－本州間直流連系設備（連系容量　150 000 kW）運転開始
	（わが国最初の大容量直流送電方式）
55.4	九州電力，八丁原地熱発電所（52 000 kW）運転開始
(1980)	（わが国最大の地熱発電所）
55.5	「石油代替エネルギーの開発及び導入の促進に関する法律」（法 71）公布
55.9	中部電力，奥矢作第一（315 000 kW），第二（780 000 kW）運転開始
	（わが国最初の2段揚水発電所）
55.10	電源開発は太陽電池でマイクロ波直接中継局の運転開始
	（わが国最初のマイクロ回線の中継，赤城－奥只見間）
56.1	中部電力，大山変電所運転開始
(1981)	（わが国最初の2次電圧 100 kV を超える無人超高圧変電所）
56.6	電源開発，松島火力発電所（1 000 000 kW）運転開始
	（わが国最大の石炭専焼火力発電所）
56.8	電源開発，太陽熱試験発電所（香川県，タワー集光方式，1 000 kW）本格運転開始（世界最初の大容量太陽熱発電所。59年3月に運転中止）
56.9	東京電力，新高瀬川水力発電所（1 280 000 kW）出力増加
	（わが国最大出力の水力発電所）
57.9	九州電力，温度差発電（50 kW）運転開始
(1982)	（世界最初のハイブリッド形発電装置）
58.3	電源開発，竹原火力発電所（700 000 kW）運転開始
(1983)	（石炭専焼火力の単機としてはわが国最大の出力）
59.2	東京電力，市原発電所内の燃料電池実験プラント（4 500 kW）出力達成
(1984)	（世界最初の燃料電池発電の実用化）
59.3	知多LNG会社，知多基地発電所冷熱発電（2号機 6 000 kW）運転開始
	（1，2号機合計 13 000 kW は冷熱発電では世界最大の出力）
59.6	東北電力，女川原子力発電所（1号機 524 000 kW）運転開始
	（東北電力，初の原子力発電所）
59.7	東京電力，福島第二原子力発電所に対する地元住民側の設置取消し要求の裁判で，原告住民側が敗訴
	（この種の行政訴訟は，国の行政判断を優位とする判例が確立）
59.9	関西電力，御坊発電所（600 000 kW，3台）1号機運転開始
	（わが国最初の人工島方式の火力発電所－和歌山県）
59.10	東北電力，第2新郷発電所（40 600 kW）運転開始
	（わが国最大出力（単機）のチューブラ水車を使用）
60.4	東京電力，太陽光発電システム試験設備（200 kW）運転開始
(1985)	（わが国初の本格的太陽光発電装置，千葉県）
昭和60.10	東北電力がコンバインドサイクルプラント，東新潟火力発電所3号系列（出力 1 090 000 kW）運転開始（プラントの出力としては世界最大）
61.11	東京電力，富津火力発電所1号系列（1 000 000 kW）全運転開始
(1986)	（わが国最初の一軸形コンバインドサイクルプラント）
62.9	「電気工事士法」を改正（法 84）公布。平成2年施行（第1種，第2種電気工事士，特種電気工事資格者，認定電気工事従事者の各資格を規定）
(1987)	

年　月	記　　　　　事
平成元.1 (1989)	中部電力，川越発電所（1号機 700 000 kW）発電開始 　　（世界最初の超々臨界圧〈蒸気圧 316 kg/cm²〉を採用）
元.7	電源開発，只見水力発電所（65 000 kW）運転開始 　　（世界最大のバルブ水車発電機を設置）
3.3 (1991)	東京電力，燃料電池発電プラント（11 000 kW 級水冷式リン酸形）発電試験開始（世界最大規模のプラント，千葉県）
3.5	動力炉核燃料開発事業団「もんじゅ」（280 000 kW）試運転開始 　　（わが国最初の高速増殖炉〈FBR〉実験原型炉）
4.4 (1992)	東京電力，1 000 kV 設計送電線（西群馬幹線）完成 　　（わが国最初の 1 000 kV 送電線路）
5.12 (1993)	関西電力，大河内発電所 4 号機（320 000 kW）運転開始 　　（世界最大の可変速揚水発電システム）
6.4 (1994)	電源開発，黒谷水力発電所（19 600 kW）運転開始 　　（世界最大のゴム堰（せき）を設置）
7.2 (1995)	東北電力，柳津西山発電所（65 000 kW）試運転開始 　　（わが国最大出力の地熱発電所）
〔8〕 電気事業多角化の時代（法規制自由化対応の時代）	
7.4	改正「電気事業法」（法 75）公布（新しい電力供給体制などの制定）
7.7	製造物責任法（通称 PL 法）公布 　　（わが国初の製品に対する製造者の責任を定めた法律）
8.5 (1996)	中部電力，奥美濃発電所（1 500 000 kW）運転開始 　　（わが国最大出力の揚水式発電所）
8.10	新エネルギー産業技術総合開発機構（略称 NEDO）風力発電システム（500 kW）試運転開始（国内初の大形風力発電所）
8.12	関西電力，レドックス・フロー形二次電池（450 kW）開発 　　（世界最大規模の電力貯蔵用電池）
9.3	「電気設備技術基準」の全面改正
9.6	諏訪エネルギーサービス（株）が事業許可（わが国最初の特定電気事業）
9.7 (1997)	東京電力，柏崎刈羽 7 号機（1 356 000 kW）運転開始 　　（総設備容量 8 212 000 kW の世界最大の原子力発電所完成）
11.8 (1999)	「電気用品取締法」を「電気用品安全法」（法 121）に改正公布 　　（用品名は，甲種を特定に，乙種を特定以外と改称。型式認可制度廃止）
13.1 (2001)	中央省庁改革により「通商産業省」から「経済産業省」に移行 　　（保安監督の機関として「原子力安全・保安院」新設）
19.7 (2007)	新潟県中越沖地震（震度・M 6.8）発生で，東京電力，柏崎刈羽原子力発電所，稼動中全自動停止（わが国原発で最初の大規模事象。21 年 7 月，一部運転再開）
23.3 (2011)	東北地方太平洋沖地震（東日本大震災，M 9.0）の影響で，東京電力，福島第一原子力発電所 1 号～4 号機崩壊，福島原発の全機能停止（原発による放射能汚染等を理由に，その存続可否の議論が全国的に展開）
28.4 (2016)	経済産業省「電力の小売営業に関する指針」制定（電気の小売業への参入が全面自由化され，需要家はその料金メニューを自由に選択可能）

第3章 電気関係法令の概要

3.1 電気関係法令の体系

　電気に関する法令は前述の沿革で示したように，幾多の変遷を経て今日のように整備されたもので，現行の法令に含まれる内容によって分類すればつぎのようになる。
　（1）　電気事業の経営に関する法令
　電気供給事業は経済的見地からは公益性，独占性，技術的見地からは危険性，同時性という特質がある。このような電気事業の健全な発達を図り，かつ使用者の利益を保護するための法律が必要となる。これに関する法令には「電気事業法」がある。
　（2）　電気工作物の保安および環境維持に関する法令
　電気は，その取扱いを誤ると，感電，火災，機器破壊，通信障害，金属腐食などの危険性があり，ダム，ボイラ，原子炉などでも誤操作，事故などによる危険性を内蔵している。これらの危険を未然に防止し，安全を確保する目的で規制が必要である。これに関する法律は「電気事業法」を中心として，「電気工事士法」，「電気工事業法（略称）」，「電気用品安全法」がある。また関連法律として「消防法」，「建築基準法」などがある。また，ばい煙，騒音，振動などの公害を防止して環境を維持するために「環境基本法」を中心に関係法令が制定されている。
　（3）　電気の計測に関する法令
　法律によって電気に関する計量単位を定め，電気の公正な取引きを行うための措置が必要で，これに関する法令には「計量法」がある。

3.1 電気関係法令の体系

(4) 国の特別施策に関する法令

国家経済の発展，国民生活の向上，地域開発を図るために国の特別施策の対象となるもので，これに関しては「農山漁村電気導入促進法」，「エネルギー使用合理化に関する法律（略称・省エネルギー法）」などが代表的なものである。

表3.1は現行電気関係法令の体系を示したものである。

表 3.1 電気関係法令の体系

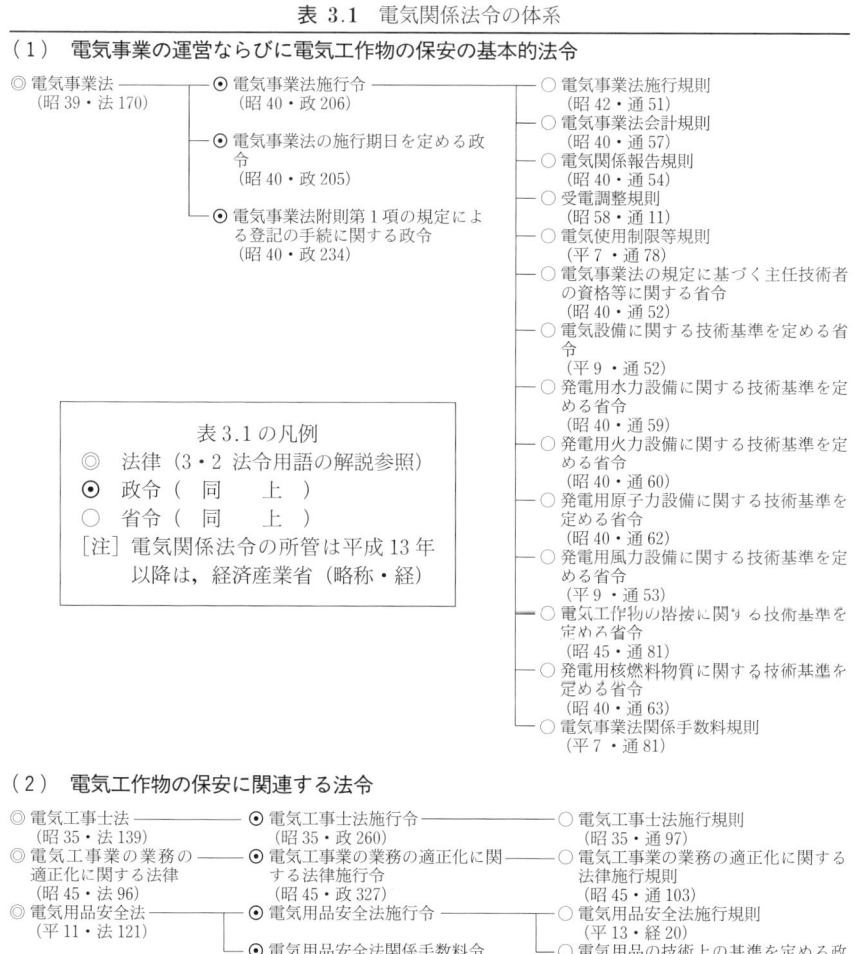

(3) 電気の計測に関する法令

- ◎ 計量法 (平4・法51)
  - ⦿ 計量法施行令 (平5・政329)
    - ○ 計量法施行規則 (平5・通69)
  - ⦿ 計量単位令 (平4・政357)
    - ○ 計量単位規則 (平4・通80)
  - ⦿ 計量法関係手数料令 (平5・政340)
    - ○ 特定計量器検定検査規則 (平5・通70)
    - ○ 基準器検査規則 (平5・通71)
    - ○ 計量法関係手数料規則 (平5・通66)
- ◎ 日本電気計器検定所法 (昭39・法150)
  - ○ 日本電気計器検定所施行規則 (昭40・通3)
  - ○ 日本電気計器検定所の検定を行う者の資格を定める省令 (昭39・通159)

(4) 国の特別施策に関する法令

- ◎ 発電用周辺地域整備法 (昭49・法78)
  - ⦿ 発電用周辺地域整備法施行令 (昭49・政293)
- ◎ 電源開発促進税法 (昭49・法79)
  - ⦿ 電源開発促進税法施行令 (昭49・政339)
- ◎ 電源開発促進対策特別会計法 (昭49・法80)
  - ⦿ 電源開発促進対策特別会計法施行令 (昭49・政340)
- ◎ 農山漁村電気導入促進法 (昭27・法358)
  - ⦿ 農山漁村電気導入促進法施行令 (昭28・政40)
    - ○ 農山漁村電気導入促進法施行規則 (昭28・農20)
- ◎ エネルギーの使用の合理化に関する法律 (改正 平17・法61)
  - ⦿ エネルギーの使用の合理化に関する法律施行令 (改正 平17・政228)
    - ○ エネルギーの使用の合理化に関する法律施行規則 (改正 平16・経101)

(5) 建築の電気設備に関係の深い法令

- ◎ 建築基準法 (昭25・法201)
  建築基準法の一部を改正する法律 (昭51・法83)
  - ⦿ 建築基準法施行令 (昭25・政338)
  建築基準法施行令の一部を改正する政令 (昭52・政266)
    - ○ 建築基準法施行規則 (昭25・建40)
    建築基準法施行規則の一部を改正する省令 (昭和52・建14)
- ◎ 建設業法 (昭24・法100)
  建設業法の一部を改正する法律 (昭46・法31)
  - ⦿ 建設業法施行令 (昭31・政273)
    - ○ 建設業法施行規則 (昭和24・建14)
- ◎ 消防法 (昭24・法193)
  消防法の一部を改正する法律 (昭49・法64)
  - ⦿ 消防法施行令 (昭36・政427)
    - ○ 消防法施行規則 (昭37・自25)

3.2 法令用語の解説

法　令　一般に国で定める規則を総称して法令という。

3.2 法令用語の解説

　　　　　法令には法律，命令，規則（命令のうちの規則とは別なもの）とがある。

法　律　法令のうち憲法の定めに従って，国会で制定されたものをいう。
　　　　（例）　電気事業法，電気工事士法，電気用品安全法

命　令　法令のうち国および地方公共団体の行政機関によって制定されたものをいう。
　　　　国の制定した命令には，政令，省令，総理府令，規則とがある。

政　令　命令のうち，内閣の制定したものをいう。
　　　　（例）　電気事業法施行令，電気工事士法施行令，電気用品安全法施行令

省　令　命令のうち，各省大臣の制定したものをいう。
　　　　（例）　電気事業法施行規則，電気工事士法施行規則，電気用品安全法施行規則，電気設備に関する技術基準を定める省令

告　示　公の機関がその決定した事項を公式に一般に知らせたものをいう。
　　　　（例）　電気設備に関する技術基準の細目を定める告示

通　達　行政官庁が所管の諸機関，地方公共団体に対し，ある事項を通知したものをいう。
　　　　（例）　主任技術者制度の運用について

本　則　法令の本体をなす規定の部分をいう。

附　則　法令の施行期日，経過措置など，本則に対する附随的事項を定めたものをいう。

章　節　法令内容の理解と検索引用の便のための区分である。

見出し　条文の内容を簡潔に示したもので，条文の前に（　）で囲んである。

　条　　法令の内容を示すもので，本則を条に分けて規定する。第1条から通し番号の条数が付される。

　　項　　条文を必要に応じ分割規定するとき用いられるもので，各項ごとに2，3，……など，算用数字の項番号が付される。

号	条または項の中でいくつかの事項を列記するとき用いられるもので，一，二，三，……などの漢数字の号番号が付される．号のなかで，さらにいくつかの事項を区分して列記するときは，イ，ロ，ハ，……などが用いられる．
申　請	国または公共団体の機関に対して，許可，認可，その他の一定の行為を求めることをいう．
届　出	国または公共団体の機関に対して一定の事実を知らせることをいい，一定の手続きに従って，文書を提出することを例とするが，口頭によることを認められている例もある．
許　可	法令による一般的禁止を特定の場合に解除し，適法に特定の行為をなすことができるようにする行為をいう．
認　可	ある個人または法人の法律上の行為が公の機関の同意を得なければ有効に成立することができない場合にその効力を完成するため，公の機関の与える同意をいう．
受　理	他人の行為を有効な行為として受領することをいう．単純な事実である到達と異なり，受動的な行政庁の意志行為である．
認　定	公の権威をもってある事実または法律関係の存否を確認することをいう．
指　示	公の機関が関係機関または関係者に対して，その所管事務に関する方針，基準，手続き，計画などを示し，これを実施させることをいう．
登　録	一定の法律事実または法律関係を行政庁などに備える特定の帳簿に記載することをいう．

3.3　法文中の限定，接続などに用いる語の用法

（JIS Z 8301　規格票の様式参照）

（1）「以上」と「以下」はその前にある数値などを含める．
（2）「を超え」と「未満」は，その前にある数値などを含めない．

（3）「**及び**」は，併合の意味で並列する語句が二つのときは，その接続に用い，三つ以上のときは，初めのほうは読点で区切り，最後の語句をつなぐのに用いる。ただし，最後の語句の後に「など」または「その他」が続く場合には「及び」を用いない。

　　　（用例）「A 及び B」，「A，B，C 及び D」

（4）「**並びに**」は，併合の意味で「及び」を用いて並列した語句を，さらに大きく併合する必要があるときに，その接続に用いる。

　　　（用例）「A，B 及び C，並びに X 及び Y」

（5）「**又は**」は，選択の意味で並列する語句が二つのときは，その接続に用い，三つ以上のときは，初めのほうを読点で区切り，最後の語句をつなぐのに用いる。

　　　（用例）「A 又は B」，「A，B，C 又は D」

（6）「**若しくは**」は，選択の意味で「又は」を用いて並列した語句の中を，さらに選択の意味で分けるときに用いる。

　　　（用例）「A 若しくは B であるか，又は X 若しくは Y である……」

第4章　電気事業法および関係法令

4.1　電気事業法の概要

　電気事業法は，電気事業が地域的独占事業である点から，使用者の利益保護を図ると同時に，電気事業の健全な発達を図るための公益事業規制を行う基本法であり，さらに電気のもつ技術的な特質という点から，電気工作物に対し必要な保安規制を行う保安法としての性格をもつものである。

　この法律は全文9章，123条から成り立っているが，そのおもな内容はつぎのようなものである。

（1）　電気事業法の目的及び定義
（2）　電気事業の事業の許可（第2章第1節），業務（同第2節），会計及び財務（同第3節）に関する規定
（3）　事業用電気工作物（第3章第2節），一般用電気工作物（同第3節）に関する規定
（4）　土地等の使用（第4章）に関する規定
（5）　電力・ガス取引に関する委員会（第5章）の規定
（6）　安全管理審査，指定試験，登録調査（第6章）に関する規定
（7）　卸電力取引所（第7章）に関する規定
（8）　雑則（第8章），罰則（第9章）に関する規定

4.2 電気事業の運営に関する規制

4.2.1 目的および定義

(目　　　的)
第1条　この法律は，電気事業の運営を適正かつ合理的ならしめることによって，電気の使用者の利益を保護し，及び電気事業の健全な発達を図るとともに，電気工作物の工事，維持及び運用を規制することによって，公益の安全を確保し，及び環境の保全を図ることを目的とする。
(定　　　義)
第2条　この法律において，次の各号に掲げる用語の意義は，当該各号に定めるところによる。
一　**小売供給**　一般の需要に応じ電気を供給することをいう。
二　**小売電気事業**　小売供給を行う事業（一般送配電事業，特定送配電事業及び発電事業に該当する部分を除く。）をいう。
三　**小売電気事業者**　小売電気事業を営むことについて次条の登録を受けた者をいう。
四　**振替供給**　他の者から受電した者が，同時に，その受電した場所以外の場所において，当該他の者に，その受電した電気の量に相当する量の電気を供給することをいう。
五　**接続供給**　次に掲げるものをいう。
　　イ　小売供給を行う事業を営む他の者から受電した者が，同時にその受電した場所以外の場所において，当該他の者に対して，当該他の者のその小売供給を行う事業の用に供するための電気の量に相当する量の電気を供給すること。
　　ロ　電気事業の用に供する発電用の電気工作物以外の発電用の電気工作物（以下このロにおいて「非電気事業用電気工作物」という。）

を維持し，及び運用する他の者から当該非電気事業用電気工作物（当該他の者と経済産業省令で定める密接な関係を有する者が維持し，及び運用する非電気事業用電気工作物を含む。）の発電に係る電気を受電した者が，同時に，その受電した場所以外の場所において，当該他の者に対して当該他の者があらかじめ申し出た量の電気を供給すること（当該他の者又は当該他の者と経済産業省令で定める密接な関係を有する者の需要に応ずるものに限る。）。

六　託送供給　振替供給及び接続供給をいう。

七　電力量調整供給　次のイ又はロに掲げる者に該当する他の者から，当該イ又はロに定める電気を受電した者が，同時に，その受電した場所において，当該他の者に対して，当該他の者があらかじめ申し出た量の電気を供給することをいう。

　　（注）イは発電用電気工作物関係，ロは特定卸供給事業者関係

八　一般送配電事業　自らが維持し，及び運用する送電用及び配電用の電気工作物によりその供給区域において託送供給及び発電用調整供給を行う事業（発電事業に該当する部分を除く。）を含むものとする。

　イ　その供給区域（離島（その区域内において自らが維持し，及び運用する電線路が自らが維持し，及び運用する主要な電線路と電気的に接続されていない離島として経済産業省令で定めるものに限る。ロ及び第21条第3項第1号において単に「離島」という。）を除く。）における一般の需要（小売電気事業者又は登録特定送配電事業者（第27条の19第1項に規定する登録特定送配電事業者をいう。）から小売供給を受けているものを除く。ロにおいて同じ。）に応ずる電気の供給を保障するための電気の供給（次項第2号，第17条及び第20条において「最終保障供給」という。）

　ロ　その供給区域内に離島がある場合において，当該離島における一般の需要に応ずる電気の供給を保障するための電気の供給（以下「離島供給」という。）

九　**一般送配電事業者**　一般送配電事業を営むことについて第 3 条の許可を受けた者をいう。

十　**送電事業**　自らが維持し，及び運用する送電用の電気工作物により一般送配電事業者に振替供給を行う事業（一般送配電事業に該当する部分を除く。）であって，その事業の用に供する送電用の電気工作物が経済産業省令で定める用件に該当するものをいう。

十一　**送電事業者**　送配電事業を営むことについて第 27 条の四の許可を受けた者をいう。

十一の二　（概要）配電事業者自らが維持し，運用する配電用電気工作物により，その供給区域において託送供給及び電力量調整を行う事業をいう。

十一の三　（概要）配電事業を営むことについて経済産業大臣の許可を得た者をいう。

十二　**特定送配電事業**　自らが維持し，及び運用する送電用及び配電用の電気工作物により特定の供給地点において小売供給又は小売電気事業若しくは一般送配電事業を営む他の者にその小売電気事業若しくは一般送配電事業の用に供するための電気に係る託送供給を行う事業（発電事業に該当する部分を除く。）をいう。

十三　**特定送配電事業者**　特定送配電事業を営むことについて第 27 条の十三第 1 項の規定による届出をした者をいう。

十四　**発電事業**　自らが維持し，及び運用する発電用の電気工作物を用いて小売電気事業，一般送配電事業又は特定送配電事業の用に供するための電気を発電する事業であって，その事業の用に供する発電用の電気工作物が経済産業省令で定める要件に該当するものをいう。

十五　**発電事業者**　発電事業を営むことについて第 27 条の二十七第 1 項の規定による届出をした者をいう。

十五の二　（概要）特定卸供給発電用の電気工作物を維持し，及び運用

する他の者に対して発電又は放電を指示する方法その他の経産省で定める方法により電気の供給能力を有する者から集約した電気を，小売電気事業，一般送配電事業，特定送配電事業に供する電気として供給することをいう。

十五の三　（概要）特定卸供給事業であつて，その供給能力が経産省規定要件に該当するもの。

十五の四　（概要）特定卸供給を営むことについて第27条の三十（特定卸供給事業の届出義務）を規定

十六　**電気事業**　小売電気事業，一般送配電事業，送電事業，配電事業，特定送配電事業，発電事業及び特定卸供給事業をいう。

十七　**電気事業者**　小売電気事業者，一般送配電事業者，送電事業者，配電事業者，特定送配電事業者，発電事業者及び特定卸供給事業者をいう。

十八　**電気工作物**　発電，蓄電，変電，送電若しくは配電又は電気の使用のために設置する機械，器具，ダム，水路，貯水池，電線路その他の工作物（船舶，車両又は航空機に設置されるものその他の政令で定めるものを除く。）をいう。

2　一般送配電事業者が次に掲げる事業を営むときは，その事業は，一般送配電事業とみなす。

一　（概要）他の送配電事業者に電気を供給する事業

二　（概要）託送供給を受ける電気事業者が維持し，使用する電気工作物による供給事業

三　（概要）特定送配電事業者から託送供給を受けた電気工作物による接続供給などの事業

四　（概要）供給区域外の特定供給及び振替供給の事業

3　送電事業者が営む一般送配電事業者に振替供給を行う事業は，送電事業とみなす。

(以下省略)

(**注**) 電気事業法の改正により，平成 28（2016）年に電力供給形態が改正され，電力小売全面自由化となり，一般電気事業者（従来の電力会社等）や特定規模電気事業など，電気の供給先に応じた事業類型の区別が廃止された。
① 電気事業者（第 2 条十七号）は，小売電気事業者（登録制），一般送配電事業者（許可制），送電事業者（許可制），特定送配電事業者（届出制），発電事業者（届出制）に分類される。
② 電気工作物（第 2 条十八号）は，電気事業用と需要家用とを一元的に規制し，その内容は電気事業法施行令に示される。

電気事業法において認められている，電力小売全面自由化後の電気の供給パターンを，図 4.1 のように表した。

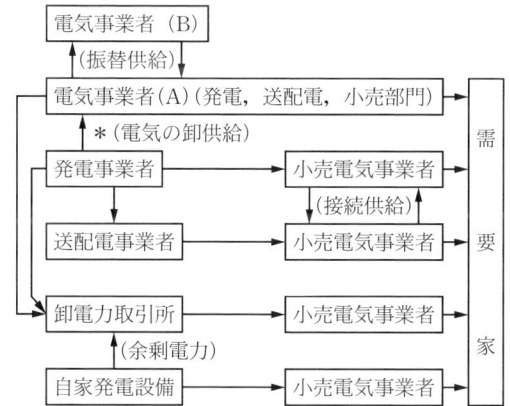

1. 図中「電気事業者 A および B」は，現在の「一般電力会社」が該当しており，将来は発電事業，送配電事業および小売事業の三分社化が計画されている。
2. 図中「送配電事業者」は「一般送配電事業者」および「特定送配電事業者」を指す。
3. 図中「卸電力取引所」は「一般社団法人 日本卸電力取引所（通称 JEPX）」を指し，現在，日本で唯一の電力の売買取引市場で，電力会社ならびに企業の自家発電設備の余剰電力などを，小売事業者の購入に，仲介の役割を果たしている。
4. 図中「接続供給」は，電気事業法第 2 条五号（ロ）項に該当する「非電気事業用電気工作物」の発電装置等を運用するために，他の事業者と電力を授受する関係を表している。
5. ＊は旧法の「卸電気事業」に該当する業務で，現行法では「一般送配電事業」の業務として第 27 条の 28 に規定されている。

図 4.1 電力小売自由化後の電力供給形態

施行令第 1 条 電気事業法（以下法という）第 2 条第 1 項第十六号の政令で定める工作物は，次のとおりとする。

一 鉄道営業法（明33・法65），軌道法（大10・法76）若しくは鉄道事業法（昭61・法92）が適用され若しくは準用される車両若しくは搬器，船舶安全法（昭8・法11）が適用される船舶若しくは海上自衛隊の使用する船舶又は道路運送車両法（昭26・法185）第2条第2項に規定する自動車に設置される工作物であって，これらの車両，搬器，船舶及び自動車以外の場所に設置される電気的設備に電気を供給するためのもの以外のもの。
二 航空法（昭27・法231）第2条第1項に規定する航空機に設置される工作物。
三 前2号に掲げるもののほか，電圧30V未満の電気的設備であって，電圧30V以上の電気的設備と電気的に接続されていないもの。

4.2.2 電気事業の業務に関する規制

（1） 事業手続きの規制

第2章（電気事業と電気関係法令の沿革）では，電気事業の特質を考慮して，事業種別ごとに開業から変更ならびに休廃止にいたるまで，**表4.1**のように国の事業手続きの事項を定めている。

表 4.1 事業種別による開業手続き及び供給業務

事 業 種 別	事業手続き	供給業務の項目
① 小売電気事業 （第2条の2～第2条の17）	経産大臣の登録制	供給能力の確保義務。需要家への供給条件の説明義務
② 一般送配電事業 （第3条～第27条の3）	経産大臣の許可制 （供給約款の許可制）	託送供給・離島供給等の確保義務。託送供給約款の制定
③ 送電事業 （第27条の4～第27条の12）	経産大臣の許可制	振替供給契約の実施義務。②項への振替供給条件の届出義務
④ 特定送配電事業 （第27条の13～第27条の26）	経産大臣への届出制	託送供給契約の実施義務。自前の電気工作物による小売供給の登録義務
⑤ 発電事業 （第27条の27～第27条の29）	経産大臣への届出制	発電用電気工作物を用いた②の事業への供給業務
⑥ 特定供給 （第27条の31）	経産大臣の許可制	同一構内需要用の電力供給設備。②，③用電源の①の施設
⑦ 卸電力取引所 （第97条～第99条の12）	経産大臣の指定制	＊業務規程を作成し，経産大臣の認可を受ける

（**注**） 文中，経済産業大臣は経産大臣と略す。

（2） 供給業務の項目

電気の供給について，法令では需要家優先の立場をとると同時に，需給の秩序を守るために，表 4.1 の事業者別にそれぞれ供給業務項目を定めている。

（3） 託送供給約款（第 18 条）

一般送配電事業者はその供給区域における託送供給等に係る料金，その他の供給条件について託送供給等約款を定め，経産大臣の認可を受けなければならない。認可申請がつぎの条件に適合した場合に認可される。託送供給約款の認可申請における適合条件の要点はつぎのように定められている。

一　料金の原価と利潤が適正であること。
二　電気の受給者が負担を感じないこと。
三　料金の算定法が適正，明確であること。
四　電気の供給者と受給者の責任及び費用負担が適正，明確であること。
五　特定の者に不当な差別をしないこと。
六　公共の利益の増進に支障がないこと。

（4） 最終保障供給約款（第 20 条）

一般送配電事業者は，最終保障供給に係る料金その他の供給条件について約款を定め，経産大臣に届け出なければならない。この供給約款の記載事項は，施行規則第 26 条でつぎのように定められている。

①適用区域又は範囲，②供給の種別，③供給電圧及び周波数，④料金，⑤工事費の負担事項，⑥その他電気使用者の負担内容，⑦契約の申込み及び解除の事項，⑧供給電力及び電力量の計測法並びに料金調定法，⑨供給の停止及び中止の事項，⑩送電上の責任分界，⑪機器の使用制限，⑫その他の事項。

（5） 電気の質（電圧および周波数）の維持（第 26 条第 1 項～第 3 項）

一般送配電事業者は，その供給する電気の電圧および周波数を経済産業省令（施行規則）で定める値を維持するよう努めなくてはならない。この値が維持されないため，電気の使用者の利益を阻害していると認めるときは，経済産業大臣は一般送配電事業者に対し，電気工作物の修理，改造，その他運用の改善等の措置をとるべきことを命ずることができる。

(注1) 電圧及び周波数の維持に関しては，施行規則でつぎのように規定している。
① 供給場所において維持すべき電圧の値（施行規則38条の1項）

標準電圧	維持すべき値
100 V	101 V±6 V
200 V	202 V±20 V

② 維持すべき周波数は，電気事業者が供給する標準周波数の値（**施行規則38条の2項**）
③ 電圧の測定は，告示で定められた測定箇所で，毎年1回，24時間連続計測し，測定記録は3年間保存すること。（**施行規則39条**）

(注2) 周波数は発電所において常時調整しており，電気事業者の社内規則で運用している。例えば，東京電力(株)の「周波数調整規則」では50 Hz±0.2 Hz（5分間平均）となっている。

(6) 電気の使用制限および受電電力の制限（第34条）

法第17条の規定により，小売電気事業者等は，正当な理由がなければ，その託送供給を拒んではならない（供給義務条項）。また，法第34条の規定により電気供給の不足による事態に対応する使用制限等が定められている。

(注) 法第34条の電気の使用制限等に関して（経産省令）電気使用制限等規則では概要つぎのように規定している。（**第1条〜第6条**）
① 使用電力量による制限対象は契約最大電力500 kW以上の需要設備とする。
② 経産大臣の指定契約電力が500 kW以上の需要設備は，指定期間と時間を予め指定した率を超えた使用が規制される。
③ 使用規制に該当するものは，装飾用，広告用などの用途に使用するもので，経産大臣が指定するもの。
④ 日時を定める使用は，契約最大電力50 kW以上では，1週に2日を使用限度として日数と用途を経産大臣が指定するもの。
⑤ その他，使用最大電力の制限の特例，受電の届出及び勧告，等について記されている。

(7) 広域的運営（第1款・第28条，第2款・第28条の3）

第1款　電気事業者相互の強調

電気事業者は，電源開発の実施，電気の供給，電気工作物の運用等其の事

業の遂行に当たり広域的運営による電気の安定供給の確保その他の電気事業の総合的かつ合理的な発達に資するように，第28条の3第2項に規定する特定自家用電気工作物設置者の能力を適切に活用しつつ，相互に協調しなければならない。

第2款　特定自家用電気工作物設置者の届出（要点）

　経産省の要件に該当する発電用の自家用電気工作物と一般送配電事業者の電線路が電気的に接続したときの届出義務についての規定。

4.2.3　会計および財務に関する規制（第3款・第27条の2～第27条の3）

（会計の整理）

第27条の2　一般送配電事業者は，経済産業省令で定めるところにより，その事業年度ならびに勘定科目の分類及び貸借対照表，損益計算書その他の財務計算に関する諸表の様式を定め，その会計を整理しなければならない。

（償　却　等）

第27条の3　経済産業大臣は，一般送配電事業の適確な遂行を図るために特に必要があると認めるときは，一般送配電事業者に対し，一般送配電事業の用に供する固定資産に関する相当の償却につき方法若しくは額を定めてこれを行なうべきこと又は方法若しくは額を定めて積立金若しくは引当金を積み立てるべきことを命ずることができる。

電気事業は企業の特質上，事業の会計および財務についての取扱いは**電気事業会計規則**（昭40・通57）で定められている。同規則の概要を述べると，つぎのとおりである。

第 1 条　事業年度は 1 年ものは 4 月〜3 月，半年ものは 4 月〜9 月と 10 月〜3 月とする。

第 2 条　会計整理については，つぎの原則にもとづいて行なわれる。
　　① 真実な内容の表示，② 正規簿記の原則，③ 整理方式の継続性，
　　④ その他公正妥当の原則

第 3 条　規定に従って勘定科目，財務諸表を作成する。

第 4 条　事業用の資産は固定資産勘定によって整理をする。

第 6 条　帳簿原価は取得原価による。

第 10 条　電気使用者の工事費負担金の金額は工事費負担金勘定で整理する。

第 11 条　固定資産には適正な減価償却を行なう。

その他，会計，財務に関する条文の概要はつぎのとおりである。

第 37 条　書類上の資産評価額が適正でなければならない。

第 38 条　河川流量の増加による増収の場合，渇水準備引当金を積み立てる必要がある。引当金は，流量減少による減収の場合以外取りくずせない。

第 39 条　一般電気事業者は，商法に規定された 2 倍の額まで社債を発行できる。

第 40 条　社債権者は他の債権者より弁済権利は優先する。

4.3　電気工作物に関する規制

電気工作物の分類については，危険度の比較的高い「事業用電気工作物」と危険度の比較的低い「一般用電気工作物」に区分し，これらの電気工作物の中でおのおの「電気事業用」と「非電気事業用」に分類して保安のあり方を規定している。

4.3.1　電気工作物の区分（第 3 章，第 1 節）

（定　　義）

第 38 条　この法律において「一般用電気工作物」は，次に掲げる電気工

作物をいう。ただし，小出力発電設備以外の発電用の電気工作物と同一の構内（これに準ずる区域内を含む。以下同じ。）に設置するもの又は爆発性若しくは引火性の物が存在するため電気工作物による事故が発生するおそれが多い場所であって，経済産業省令で定めるものに設置するものを除く。

一　他の者から経済産業省令で定める電圧以下の電圧で受電し，その受電の場所と同一の構内においてその受電に係る電気を使用するための電気工作物（これと同一の構内に，かつ，電気的に接続して設置する小出力発電設備を含む。）であって，その受電のための電線路以外の電線路によりその構内以外の場所にある電気工作物と電気的に接続されていないもの

二　構内に設置する小出力発電設備（これと同一の構内に，かつ，電気的に接続して設置する電気を使用するための電気工作物を含む。）であって，その発電に係る電気を前号の経済産業省令で定める電圧以下の電圧で他の者がその構内において受電するための電線路以外の電線路によりその構内以外の場所にある電気工作物と電気的に接続されていないもの

三　前二号に掲げるものに準ずるものとして経済産業省令で定めるもの

2　前項において「小出力発電設備」とは，経済産業省令で定める電圧以下の電気の発電用の電気工作物であって，経済産業省令で定めるものをいうものとする。

3　この法律において「事業用電気工作物」とは，一般用電気工作物以外の電気工作物をいう。

4　この法律において「自家用電気工作物」とは，電気事業の用に供する電気工作物及び一般用電気工作物以外の電気工作物をいう。

一般用電気工作物と事業用電気工作物の区分の細目は，施行規則でつぎのように規定している。

一般用電気工作物の範囲
施行規則第 48 条　法第 38 条第 1 項の経済産業省令で定める場所は，次のとおりとする。
　一　火薬類取締法（昭和 25 年法律第 149 号）第 2 条第 1 項に規定する火薬類（煙火を除く。）を製造する事業場
　二　鉱山保安法施行規則（平成 16 年経済産業省令第 96 号）が適用される鉱山のうち，同令第 1 条第 2 項第 8 号に規定する石炭坑
2　法第 38 条第 1 項第一号の経済産業省令で定める電圧は，600 V とする。
3　法第 38 条第 2 項の経済産業省令で定める電圧は，600 V とする。
4　法第 38 条第 2 項の経済産業省令で定める発電用の電気工作物は，次のとおりとする。ただし，次の各号に定める設備であって，同一の構内に設置する次の各号に定める他の設備と電気的に接続され，それらの設備の出力の合計が 20 kW 以上となるものを除く。
　一　太陽電池発電設備であって出力 20 kW 未満のもの
　二　風力発電設備であって出力 20 kW 未満のもの
　三　水力発電設備であって出力 10 kW 未満のもの（ダムを伴うものを除く。）
　四　内燃力を原動力とする火力発電設備であって出力 10 kW 未満のもの
　五　次のいずれかに該当する燃料電池発電設備であって，出力 10 kW 未満のもの
　　　イ　固体高分子型又は固体酸化物型の燃料電池発電設備であって，燃料・改質系統設備の最高使用圧力が 0.1 MPa（液体燃料を通ずる部分にあっては，1.0 MPa）未満のもの
　　　　　（以下省略）

4.3.2　事業用電気工作物に関する規定（第 2 節　第 1 款，第 2 款，第 3 款，第 39 条〜第 55 条）

（a）　**保安・監理の基本**　事業用電気工作物の保安・監理のあり方は，技

術基準の維持，保安規程の作成，主任技術者の選任，法定自主検査の4項目を基本として規定している。

（1）技術基準への適合（第1款）

（事業用電気工作物の維持）

第39条　事業用電気工作物を設置する者は，事業用電気工作物を経済産業省令で定める技術基準に適合するように維持しなければならない。

2　前項の経済産業省令は，次に掲げるところによらなければならない。

　一　事業用電気工作物は，人体に危害を及ぼし，又は物件に損傷を与えないようにすること。

　二　事業用電気工作物は，他の電気的設備その他の物件の機能に電気的又は磁気的な障害を与えないようにすること。

　三　事業用電気工作物の損壊により電気事業者の電気の供給に著しい支障を及ぼさないようにすること。

　四　事業用電気工作物が電気事業の用に供される場合にあっては，その事業用電気工作物の損壊によりその電気事業に係る電気の供給に著しい支障を生じないようにすること。

第40条　技術基準適合命令（略）

第41条　技術基準適合の為に要する費用の負担等（略）

第39条の規定による技術基準（省令）の種類

① 電気設備に関する技術基準を定める省令（昭40・通61）

② 発電用水力設備に関する技術基準を定める省令（昭40・通59）

③ 発電用火力設備に関する技術基準を定める省令（昭40・通60）

④ 発電用原子力設備に関する技術基準を定める省令（昭40・通62）

⑤ 発電用風力設備に関する技術基準（平17・経34）

（2）保安規程の作成・届出

第2款　自主的な保安（その1）

第 42 条　事業用電気工作物を設置する者は，事業用電気工作物の工事，維持及び運用に関する保安を確保するため，経済産業省令で定めるところにより，保安を確保することが必要な事業用電気工作物の組織ごとに保安規程を定め，当該組織における事業用電気工作物の使用（第 50 条の 2 第 1 項又は第 52 条第 1 項の自主検査を行うものにあっては，その工事）の開始前に，経済産業大臣に届け出なければならない。

2　事業用電気工作物を設置する者は，保安規程を変更したときは，遅滞なく，変更した事項を経済産業大臣に届け出なければならない。

3　経済産業大臣は，事業用電気工作物の工事，維持及び運用に関する保安を確保するため必要があると認めるときは，事業用電気工作物を設置する者に対し，保安規程を変更すべきことを命ずることができる。

4　事業用電気工作物を設置する者及びその従業者は，保安規程を守らなければならない。

事業用電気工作物（自家用電気工作物を含む）の自主保安を行うために保安規程の作成が義務づけられ，**施行規則第 50 条**によって，保安規程に定めるべき事項としてつぎの 9 項目を挙げている。また，**大規模地震対策特別措置法**に規定する地震対策強化地域（以下「**強化地域**」という）内に電気事業用の電気工作物を設置する電気事業者は，上記のほかにつぎの 7 項目の事項を定めることになっている。（施行規則第 50 条の 2）

（3）保安規程に定めるべき一般的事項

一　事業用電気工作物の工事，維持又は運用に関する業務を管理する者の職務及び組織に関すること。

二　事業用電気工作物の工事，維持又は運用に従事する者に対する保安教育に関すること。

三　事業用電気工作物の工事，維持及び運用に関する保安のための巡視，点検及び検査に関すること。

四　事業用電気工作物の運転又は操作に関すること。

五　発電所の運転を相当期間停止する場合における保全の方法に関すること。

六　災害その他非常の場合に採るべき措置に関すること。

七　事業用電気工作物の工事，維持及び運用に関する保安についての記録に関すること。

八　事業用電気工作物の法定自主検査に係る実施体制及び記録の保存に関すること。

九　その他事業用電気工作物の工事，維持及び運用に関する保安に関し必要な事項

（4）　強化地域において保安規程に定めるべき事項（施行規則第50条の2）

一　大規模地震対策特別措置法第2条第三号に規定する地震予知情報及び同条第十三号に規定する警戒宣言（以下「警戒宣言」という。）の伝達に関すること。

二　警戒宣言が発せられた場合における防災に関する業務を管理する者の職務及び組織に関すること。

三　警戒宣言が発せられた場合における保安要員の確保に関すること。

四　警戒宣言が発せられた場合における電気工作物の巡視，点検及び検査に関すること。

五　警戒宣言が発せられた場合における防災に関する設備及び資材の確保，点検及び整備に関すること。

六　警戒宣言が発せられた場合に地震防災に関し採るべき措置に係る教育，訓練及び広報に関すること。

七　その他地震災害の発生の防止又は軽減を図るための措置に関すること。

(5) 主任技術者の選任並びに義務,権限

自主的な保安(その2)

第43条　事業用電気工作物を設置する者は,事業用電気工作物の工事,維持及び運用に関する保安の監督をさせるため,経済産業省令で定めるところにより,主任技術者免状の交付を受けている者のうちから,主任技術者を選任しなければならない。

2　自家用電気工作物を設置する者は,前項の規定にかかわらず,経済産業大臣の許可を受けて,主任技術者免状の交付を受けていない者を主任技術者として選任することができる。

3　事業用電気工作物を設置する者は,主任技術者を選任したとき(前項の許可を受けて選任した場合を除く。)は,遅滞なく,その旨を経済産業大臣に届け出なければならない。これを解任したときも,同様とする。

4　主任技術者は,事業用電気工作物の工事,維持及び運用に関する保安の監督の職務を誠実に行わなければならない。

5　事業用電気工作物の工事,維持又は運用に従事する者は,主任技術者がその保安のためにする指示に従わなければならない。

(注)　主任技術者の資格に関する規定は **4.3.5 主任技術者免状** の項に記載する。

主任技術者を選任すべき事業場などの単位ならびに主任技術者以外に保安管理業務を委託する場合の不選任条項は施行規則でつぎのように規定している。

施行規則第52条　法第43条第1項の規定による主任技術者の選任は,次の表の左欄に掲げる事業場又は設備ごとに,それぞれ同表の右欄に掲げる者のうちから行うものとする。

一	水力発電所の設置の工事のための事業場	第1種電気主任技術者免状，第2種電気主任技術者免状又は第3種電気主任技術者免状の交付を受けている者及び第1種ダム水路主任技術者免状又は第2種ダム水路主任技術者免状の交付を受けている者
二	火力発電所（内燃力を原動力とするものを除く。），原子力発電所又は燃料電池発電所（改質器の最高使用圧力が98 kPa以上のものに限る。）の設置の工事のための事業場	第1種電気主任技術者免状，第2種電気主任技術者免状又は第3種電気主任技術者免状の交付を受けている者及び第1種ボイラー・タービン主任技術者免状又は第2種ボイラー・タービン主任技術者免状の交付を受けている者
三	燃料電池発電所（二に規定するものを除く。），変電所，送電線路又は需要設備の設置の工事のための事業場	第1種電気主任技術者免状，第2種電気主任技術者免状又は第3種電気主任技術者免状の交付を受けている者
四	水力発電所であって，高さ15 m以上のダム若しくは圧力392 kPa以上の導水路，サージタンク若しくは放水路を有するもの又は高さ15 m以上のダムの設置の工事を行うもの	第1種ダム水路主任技術者免状又は第2種ダム水路主任技術者免状の交付を受けている者
五	火力発電所（内燃力を原動力とするもの及び出力1万kW未満のガスタービンを原動力とするものを除く。）及び燃料電池発電所（改質器の最高使用圧力が98 kPa以上のものに限る。）	第1種ボイラー・タービン主任技術者免状又は第2種ボイラー・タービン主任技術者免状の交付を受けている者
六	原子力発電所	第1種電気主任技術者免状，第2種電気主任技術者免状又は第3種電気主任技術者免状の交付を受けている者及び第1種ボイラー・タービン主任技術者免状又は第2種ボイラー・タービン主任技術者免状の交付を受けている者
七	発電所（原子力発電所を除く。），変電所，需要設備又は送電線路若しくは配電線路を管理する事業場を直接統括する事業場	第1種電気主任技術者免状，第2種電気主任技術者免状又は第3種電気主任技術者免状の交付を受けている者，その直接統括する発電所のうちに四の水力発電所以外の水力発電所がある場合は，第1種ダム水路主任技術者免状又は第2種ダム水路主任技術者免状の交付を受けている者及び

	その直接統括する発電所のうちに五のガスタービンを原動力とする火力発電所以外のガスタービンを原動力とする火力発電所がある場合は、第1種ボイラー・タービン主任技術者免状又は第2種ボイラー・タービン主任技術者免状の交付を受けている者

2 　自家用電気工作物であって、出力1 000 kW未満の発電所（原子力発電所を除く。）のみに係る前項の表一、二、三若しくは七の事業場、7 000 V以下で受電する需要設備のみに係る同表三若しくは七の事業場又は電圧600 V以下の配電線路を管理する事業場のみに係る同表七の事業場のうち、当該発電所、需要設備又は配電線路を管理する事業場の工事、維持及び運用に関する保安の監督に係る業務（以下「保安管理業務」という）を委託する契約（以下「委託契約」という。）を次条に規定する要件に該当する者と締結しているものであって、保安上支障がないものとして経済産業大臣（事業場が一の経済産業局の管轄区域内のみにある場合は、その所在地を管轄する経済産業局長。第53条第1項、第2項及び第5項において同じ。）の承認を受けたもの並びに発電所、変電所及び送電線路以外の自家用電気工作物であって鉱山保安法が適用されるもののみに係る同表三又は七の事業場については、同項の規定にかかわらず、電気主任技術者を選任しないことができる。

3 　事業用電気工作物を設置する者は、主任技術者に二以上の事業場又は設備の主任技術者を兼ねさせてはならない。ただし、事業用電気工作物の工事、維持及び運用の保安上支障がないと認められる場合であって、経済産業大臣（監督に係る事業用電気工作物が一の経済産業局の管轄区域内のみにある場合は、その設置の場所を管轄する経済産業局長。第53条の2において同じ。）の承認を受けた場合は、この限りでない。

施行規則第51条第2項に規定された主任技術者を選任しないことのできる要件は、つぎの区分に応じて定められている。（施行規則第52条の2）
　一　個人事業者（事業を行う個人を対象とする。）（内容省略）
　二　法人（派遣事業者が派遣する保安業務従事者を対象とする。）（内容略）
　上記、第52条第2項における「保安管理業務」を営む受託者の要件として、「個人事業者」と「法人」に分けて、それぞれ主任技術者の資格（法人にあっ

ては保安業務従事者本人の資格），実務経験，備え付けの機械器具（計測機器等），保安管理業務の適確な遂行の責務等について規定している。また，保安管理業務の個人及び法人の業務担当者が受託可能な事業場の規模，件数の算定値は，当該容量に付表「換算係数」を乗じた値の和が33未満としている。（施行規則第52条の2及び経産省告示249）

（注）　第43条第2項に規定する主任技術者は**許可主任技術者**と呼ばれるもので，その承認についてはつぎのような内規に準拠して監督官庁（各地方経済産業局長）が運用している。

【通達】　主任技術者制度の運用について（内規）
最終改正（平15.9　原院1.）
主任技術者制度の解釈及び運用（内規）

（平成17.3　原院1.）　経済産業省原子力安全・保安院長

　電気事業法（以下「法」という。）第43条第1項の選任，法第43条第2項の許可，電気事業法施行規則（以下「規則」という。）第52条第2項の承認及び規則第52条第3項ただし書きの承認について，下記のとおり解釈及び運用方針を定め運用することとする。

（中　略）
記

1. 法第43条第1項の選任は，次のとおり取り扱うこととする。
（1）　法第43条第1項の選任において，規則第52条第1項の規定に従って選任される電気主任技術者は，原則として，事業用電気工作物を設置する者（以下1.において「設置者」という。）又はその従業員でなければならない。ただし，自家用電気工作物については，次のいずれかの要件を満たす者から選任する場合は，この限りでない。
① 「労働者派遣事業の適正な運営の確保及び派遣労働者の就業条件の整備等に関する法律」第2条第2号に規定する派遣労働者であって，選任する事業場に常時勤務する者。ただし，同法第26条に基づく労働者派遣契約において次に掲げる事項が契約されている場合に限る。

イ　設置者は，自家用電気工作物の工事，維持及び運用の保安を確保するに当たり，電気主任技術者として選任する者の意見を尊重すること。
　　ロ　自家用電気工作物の工事，維持及び運用に従事するものは，電気主任技術者として選任する者がその保安のためにする指示に従うこと。
　　ハ　電気主任技術者として選任する者は，自家用電気工作物の工事，維持及び運用に関する保安の監督の職務を誠実に行うこと。
②　設置者から自家用電気工作物の工事，維持及び運用に関する保安の監督に係る業務の委託を受けている者（以下「受託者」という。）又はその従業員であって選任する事業場に常時勤務する者。ただし，当該委託契約において，(1)①イからハまでに掲げる事項がすべて契約されている場合に限る。
（2）　(1)②の受託者が，当該自家用電気工作物に応じて法第3章第2節に規定する当該電気工作物を設置する者のすべての義務を果たすことが明らかな場合は，受託者を設置者とみなし，受託者若しくはその従業員又は(1)①の者から電気主任技術者の選任を行うことを認める。

（許可技術者の適用条件）

2． 電気事業法第43条第2項の許可は，次の基準により行うものとする。
1．電気主任技術者に係る電気事業法第43条第2項の許可は，その申請が次の要件に適合する場合に行うものとする。
（1）　申請に係る事業場又は設備が次のいずれかに該当すること。
　　イ　次に掲げる設備又は事業場のみを直接統括する事業場
　　　（イ）　出力500 kW未満の発電所（ホに掲げるものを除く。）
　　　（ロ）　電圧1万V未満の変電所
　　　（ハ）　最大電力500 kW未満の需要設備（ホに掲げるものを除く。）
　　　（ニ）　電圧1万V未満の送電線路又は配電線路を管理する事業場
　　　（ホ）　非航船用電気設備（非航船に設置される電気工作物の総合体をいう。以下同じ。）であって出力1000 kW未満の発電所又は最大電力1000 kW未満の需要設備
　　ロ　次に掲げる設備又は事業場の設置の工事のための事業場
　　　（イ）　出力500 kW未満の発電所（ホに掲げるものを除く。）
　　　（ロ）　電圧1万V未満の変電所
　　　（ハ）　最大電力500 kW未満の需要設備（ホに掲げるものを除く。）
　　　（ニ）　電圧1万V未満の送電線路
　　　（ホ）　非航船用電気設備であって出力1000 kW未満の発電所又は最大電力1000 kW未満の需要設備

（2） 申請に係る者が次のいずれかに該当すること。
　イ　学校教育法（昭和22年法律第26号）による高等学校又はこれと同等以上の教育施設において，電気事業法の規定に基づく主任技術者の資格等に関する省令（昭和40年通商産業省令第52号）第7条第1項各号の科目を修めて卒業した者
　ロ　電気工事士法（昭和35年法律第139号）第3条第1項に規定する第1種電気工事士免状の交付を受けた者（ハに掲げる者であって，同法第4条第3項第一号に該当する者として免状の交付を受けた者を除く。）
　ハ　電気工事士法第6条に規定する第1種電気工事士試験に合格した者
　ニ　旧電気工事技術者検定規則（昭和34年通商産業省告示第329号）による高圧電気工事技術者の検定に合格した者
　ホ　公益事業局長又は経済産業局長の指定を受けた高圧試験に合格した者
　ヘ　その申請が最大電力100 kW未満（非航船用電気設備にあっては最大電力300 kW未満）の需要設備又は電圧600 V以下の配電線路を管理する事業場のみを直接統括する事業場に係る場合は，イからホまでに掲げる者のほか，次のいずれかに該当する者
　　（イ）　電気工事士法第3条第2項に規定する第2種電気工事士免状の交付を受けた者
　　（ロ）　学校教育法による短期大学若しくは高等専門学校又はこれらと同等以上の教育施設の電気工学科以外の工学に関する学科において一般電気工学（実験を含む。）に関する科目を修めて卒業した者
　ト　イからホまでに掲げる者と同等以上の知識及び技能を有する者又はヘに規定する場合にあっては，ヘ（イ）若しくは（ロ）に掲げる者と同等以上の知識及び技能を有する者
（以下第2号及び第3号にかかる許可要件は省略）

（保安管理業務の委託の承認基準）

3． 電気事業法施行規則（以下「規則」という）第52条第2項の承認は，次の基準により行うものとする。
　（個人事業者の兼業等）
（1） 規則第52条の2第1号ホについては，保安管理業務の計画的かつ確実な遂行に支障が生じないことを担保するため，保安管理業務の内容の適切性及び実効性について厳格に審査するとともに，個人事業者が他に職業を有している場合には審査に当たり特に慎重を期することとする。

(法人のマネジメントシステム)
（２）規則第52条の2第2号ニについては，保安管理業務の計画的かつ確実な遂行に支障が生じないことを担保するため，保安管理業務の内容の適切性及び実効性について厳格に審査することとする。承認に当たっては，次に掲げる項目が満たされていることを要することとし，これらの項目については，法人の社内規程等に明確かつ具体的に規定されており，点検を含む保安管理業務の適切な実施に確実に反映されることが担保されていることを要することとする。

① 保安業務従事者は規則第52条第2項の承認の申請に係る委託契約の相手方の法人（以下「法人」という。）の従業員であること。
② 法人は，保安管理業務の遂行体制を構築し，保安業務担当者が明確な責任の下に保安管理業務を実施すること。また，あらかじめ定められた間隔で保安管理業務のレビューを行い適切な改善を図ること。
③ 保安業務担当者は保安管理業務以外の職務を兼務しないこと。
④ 保安業務担当者は事業場の点検を自ら行うこと。ただし，保安業務担当者が保安業務従事者に事業場の点検を行わせる場合は，以下に掲げるすべての要件に該当していること。
　イ　保安業務担当者が自らの職務上の指揮命令関係にある保安業務従事者に適切に指示して点検を行わせるとともに，点検の結果に関する報告が当該保安業務従事者から的確に行われる体制となっていること。
　ロ　保安業務担当者が点検を指示した保安業務従事者との業務の分担内容が明確になっていること。その際，保安業務担当者が自らは保安業務従事者の監督を行うこととして，事業場の点検の大部分を保安業務従事者に行わせるなど，自ら実施する保安管理業務の内容が形式的なものになっていないこと。このため，保安業務担当者に係る勤務体制等については厳格に審査を行う。
　ハ　特定の保安業務従事者に著しく偏って点検を行わせることとなっていないこと。このため，保安業務従事者が，保安業務担当者から指示を受けて点検する事業場については，経済産業省告示（平15.第249号）第3条第2項の値（以下「告示の値」という）を当該保安業務担当者から職務上の指揮命令関係にある保安業務従事者の総数で除した値又は告示の値に0.2を乗じた値のいずれか小さい方の値を超えないこと。
　ニ　保安業務従事者は，複数の保安業務担当者から点検の指示を受けないこと。

(法人の保安業務担当者等の明確化と連絡責任者の選任)
(3) 要旨―委託契約書に業務担当者及び従事者の氏名,資格等を定めておくこと。(連絡責任者の選任)
(4) 要旨―設置者は委託契約の相手方に対する連絡責任者を定めておくこと。
(事業場への到達時間)
(5) 要旨―2時間以内に到達すること。
(過疎地域等の自家用電気工作物に対する措置) (6) 省　略
(委託契約書に明記された者による保安管理業務の実施)
(7) 要旨―自家用電気工作物設置者は委託の相手(個人又は法人の業務担当者)の点検時の身分確認,結果報告の収受,点検記録を保存すること。

付表　(経済産業省告示第249号.第3条規定)「換算係数表」

◇　事業場(発電所)

発電所の出力〔kW〕	換算係数	発電所の出力〔kW〕	換算係数
100 未満	0.3	300 以上 600 未満	0.6
100 以上 300 未満	0.4	600 以上 1 000 未満	0.8

◇　事業場(需要設備)

設備容量〔kVA〕	換算係数	設備容量〔kVA〕	換算係数
低　圧	0.3	高圧 1 300 以上 1 650 未満	1.8
高圧 64 未満	0.4 *	〃　1 650 以上 2 000 未満	2.0
〃　64 以上 150 未満	0.6	〃　2 000 以上 2 700 未満	2.2
〃　150 以上 350 未満	0.8	〃　2 700 以上 4 000 未満	2.4
〃　350 以上 550 未満	1.0	〃　4 000 以上 6 000 未満	2.6
〃　550 以上 750 未満	1.2	〃　6 000 以上 8 800 未満	2.8
〃　750 以上 1 000 未満	1.4	〃　8 800 以上	3.0
〃　1 000 以上 1 300 未満	1.6	＊　小規模高圧需要設備の場合	0.2

◇　事業場(配電線路管理)　　換算係数 0.1

(主任技術者の兼任の承認基準)

4．電気事業法施行規則第52条第3項ただし書の承認は,次の基準により行うものとする。
1．電気主任技術者に係る電気事業法施行規則第52条第3項ただし書の承認はその申請が次の要件に適合する場合に行うものとする。
　なお,兼任させようとする事業場若しくは設備の最大電力が2 000 kW以上となる場合又は兼任させようとする事業場若しくは設備が6以上となる場合は,保安業務の遂行上支障となる場合が多いと考えられるので,特に慎重を期せら

れたい。
(1) 申請に係る者が，第1種電気主任技術者免状，第2種電気主任技術者免状又は第3種電気主任技術者免状の交付を受けていること。
(2) 申請に係る者の執務の状況が次に適合すること。
　イ　申請に係る電気工作物は，選任しようとする者が，常時勤務する事業場又はその者の住所から2時間以内に到達できるところにあること。
　ロ　点検は，Ⅱの1の（1）に準じて行うこと。この場合において「委託契約の相手方」とあるのは，「兼任を承認された主任技術者」と読み替えるものとする。
(3) 主任技術者が常時勤務しない事業場の場合は，電気工作物の工事，維持及び運用のため必要な事項を主任技術者に連絡する責任者が選任されていること。
（以下省略）

(b) 事業用電気工作物の設置または変更工事

(1) 環境影響評価に関する特例（第2款の2）

　事業用電気工作物であって，発電設備の設置または変更の工事で**環境影響評価法**（平9.6・法81）に規定する第1種事業または第2種事業に該当する事業者（特定事業者）は，同法の規定による環境影響評価方法書を作成し経済産業大臣に届出なければならない。（電気事業法　第46条の2～第46条の22，環境影響評価法　第1条～第6条）

(2) 工事計画の認可・届出（第3款・その1）

（工事計画の認可）
第47条　事業用電気工作物の設置又は変更の工事であって，公共の安全確保上特に重要なものとして経済産業省で定めるものをしようとする者は，その工事の計画について経済産業大臣の認可を受けなければならない。ただし，事業用電気工作物が滅失し，若しくは損壊した場合又は災

害その他非常の場合において，やむを得ない一時的な工事としてするときは，この限りでない。

2　前項の認可を受けた者は，その認可を受けた工事の計画を変更しようとするときは，経済産業大臣の認可を受けなければならない。ただし，その変更が経済産業省令で定める軽微なものであるときは，この限りでない。（以下省略）

（工事計画の事前届出）

第 48 条　事業用電気工作物の設置又は変更の工事（前条第 1 項の経済産業省令で定めるものを除く。）であって，経済産業省令で定めるものをしようとする者は，その工事の計画を経済産業大臣に届け出なければならない。その工事の計画の変更（経済産業省令で定める軽微なものを除く。）をしようとするときも，同様とする。

2　前項の規定による届出をした者は，その届出が受理された日から 30 日を経過した後でなければ，その届出に係る工事を開始してはならない。

（以下省略）

事業用電気工作物の設置又は設置されているものの変更を行う場合，その工事計画について，経済産業大臣の認可を受けて行う認可制と，工事着工 30 日前に届け出る事前届出制がある。（第 47 条，第 48 条）電気工作物が認可に該当するか，事前届出に該当するかは，施行規則第 62 条，第 65 条に基づく「別表第 2（平 12.6 経産省令 120）」（**表 4.2**）に定められている。同表によると，工事計画が認可の対象となるものは，設置工事の場合は原子力発電所並びに新しい特殊な発電所が該当する。事前届出の対象設備のうち変電所の項に定義された「受電所」とは，主として自家用電気工作物の変電所などの場合を指している。

表 4.2 施行規則・別表第 2（施行規則第 62 条，第 65 条関係）抜粋

(1) 別表第 2 の A　設置及び変更の工事で「**認可**」を要するもの

工事の種類	対象設備
一　**設置の工事**	1. 原子力発電所 2. 水力，火力，燃料電池，太陽電池，風力発電所以外の新しい技術の発電所
二　**変更の工事**	1. 原子力設備に係る改造等 2. 上記第 2 項に係る発電設備

(2) 別表第 2 の B　設置及び変更の工事で「**事前届出**」を要するもの

工事の種類	対象設備
一　**設置の工事**	1. 発電所の設置であって，次に掲げるもの 　(1) 水力発電所 　(2) 火力発電所のうち汽力発電所，出力 1 000 kW 以上のガスタービン発電所，出力 1 万 kW 以上の内燃力発電所 　(3) 火力発電所であって上記以外を原動力とするもの
一　**設置の工事**（続き）	(4) 火力発電所であって 2 以上の原動力を組み合わせて原動力とするもの 　(5) 出力 500 kW 以上の燃料電池発電所，太陽電池発電所，風力発電所 　(6) 上記以外の発電所であって送電電圧 17 万 V 以上に係る送電線引出口の遮断器（需要設備と電気的に接続するためのものを除く）の設置 2. 電圧 17 万 V 以上（構内以外から伝送される電気を変成する変圧器などを設備したもの）の変電所及び電圧 10 万 V 以上の受電所の設置 3. 電圧 17 万 V 以上の送電線路，電気鉄道用送電線路の設置 4. 受電電圧 1 万 V 以上の需要設備の設置
二　**変更の工事**	1. 上記第 1 項の発電所に係る発電設備及びその他の関連設備 2. 上記第 2 項の変電所に係る設備 　(1) 容量 10 万 kVA 以上（受電所では容量 1 万 kVA 以上）の変圧器の設置又は改造（改造内容が 20 % 以上の電圧又は容量変更，又は電圧調整装置の付加の場合）及び取替え 　(2) 容量 1 万 kVA 以上の電圧調整器，位相調整器，調相機，電力用コンデンサー，分路リアクトル，限流リアクトルの設置又は改造（(1)に準ずる） 　(3) 容量 15 万 kVA 又は出力 15 万 kW 以上（受電所では容量 10 万 kVA 又は 10 万 kW 以上）の周波数変換機器，整流機器の設置又は改造（(1)に準ずる） 　(4) 容量 8 万 kWh 以上の電力貯蔵装置の設置又は改造（内容は(1)に準ずる） 3. 上記第 3 項の送電線路に係る設備（送電線引出口の遮断器を含む）電線路の延長及び改造，開閉所に係わる改造に係るもの（内容省略）

4. 上記第4項の需要設備の遮断器及び電力貯蔵装置（容量8万kWh以上），その他の機器（出力1万kW以上）の設置又は改造（内容省略）
   (1) 電圧5万V以上の電線路設置，10万V以上の電線路の延長・位置変更
   (2) 昇圧を含む電圧10万V以上の電線路の改造（電圧，電気方式，電線等）

（c） 事業用電気工作物の検査（第3款・その2）

（使用前検査）

第49条 第47条第1項若しくは第2項の認可を受けて設置若しくは変更の工事をする事業用電気工作物又は前条第1項の規定による届出をして設置若しくは変更の工事をする事業用電気工作物（その工事の計画について，同条第4項の規定による命令があった場合において同条第1項の規定による届出をしていないものを除く。）であって，公共の安全の確保上特に重要なものとして経済産業省令で定めるものは，その工事について経済産業省令で定めるところにより経済産業大臣又は経済産業大臣が指定する者の検査を受け，これに合格した後でなければ，これを使用してはならない。ただし，経済産業省令で定める場合は，この限りでない。（第2項省略）

第50条 検査の仮合格の規定（省略）

（使用前安全管理検査）

第50条の2 第48条第1項の規定による届出をして設置又は変更の工事をする事業用電気工作物（その工事の計画について同条第4項の規定による命令があった場合において同条第1項の規定による届出をしていないもの及び第49条第1項の経済産業省令で定めるものを除く。）であって，経済産業省令で定めるものを設置する者は，経済産業省令で定めるところにより，その使用の開始前に，当該事業用電気工作物について自主検査を行い，その結果を記録しこれを保存しなければならない。

2 前項の検査（以下「**使用前自主検査**」という。）においては，その事

業用電気工作物が次の各号のいずれにも適合していることを確認しなければならない。

一　その工事が第48条第1項の規定による届出をした工事の計画（同項後段の経済産業省令で定める軽微な変更をしたものを含む。）に従って行われたものであること。

二　第39条第1項の経済産業省令で定める技術基準に適合するものであること。

3　使用前自主検査を行う事業用電気工作物を設置する者は，使用前自主検査の実施に係る体制について，経済産業省令で定める時期（第7項の通知を受けている場合にあっては，当該通知に係る使用前自主検査の過去の評定の結果に応じ，経済産業省令で定める時期）に，経済産業省令で定める事業用電気工作物を設置する者にあっては，経済産業大臣の登録を受けた者が，その他の者にあっては経済産業大臣が行う審査を受けなければならない。

（第4項以下省略）

需要設備のみを設置する自家用電気工作物の場合，計画から使用するまでの手続きの方法は，受電電圧および最大電力（電力会社の契約電力に同じ）に応じて2通りの方法が定められている。これを流れ図の形式で，**図4.2**（受電電圧10 000 V以上または高圧受電で最大電力が1 000 kW以上），**図4.3**（最大電力が1 000 kW未満）に示す。

その他の電気工作物の検査については，概要つぎのように条文で規定している。

第51条　原子力発電所で使用する「核燃料物質（燃料体）検査」の規定。

第52条　発電用ボイラー，タービンの耐圧部分，原子炉に係る格納容器，その他の溶接に係る「溶接自主検査」の規定。

第54条　第52条の耐圧部分及び原子炉等係る「定期検査」の規定。

第55条　第52条の耐圧部分に係る「定期自主検査」の規定。

4.3 電気工作物に関する規制　47

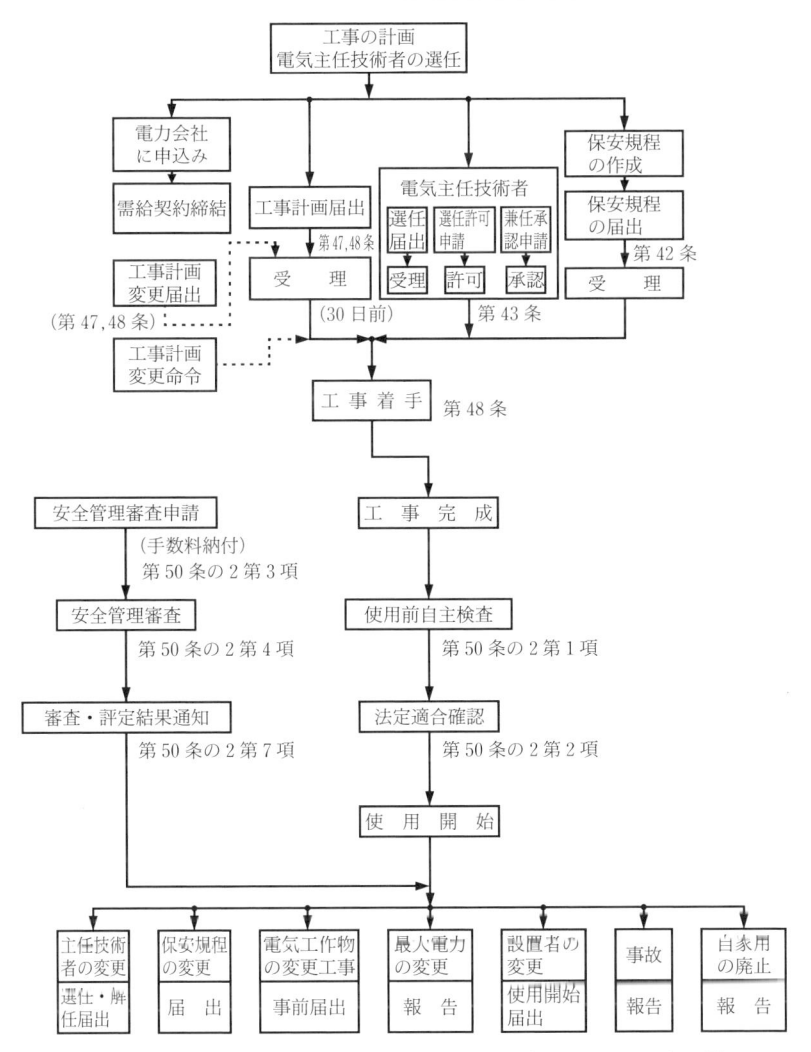

図 4.2 受電電圧 10 000 V 以上または最大電力 1 000 kW 以上の需要設備を新設する場合の手続図

(d) **自家用電気工作物の使用の開始**（第3款の3）

第 53 条　自家用電気工作物を設置する者は，その自家用電気工作物の使用の開始の後，遅滞なく，その旨を経済産業大臣に届け出なければなら

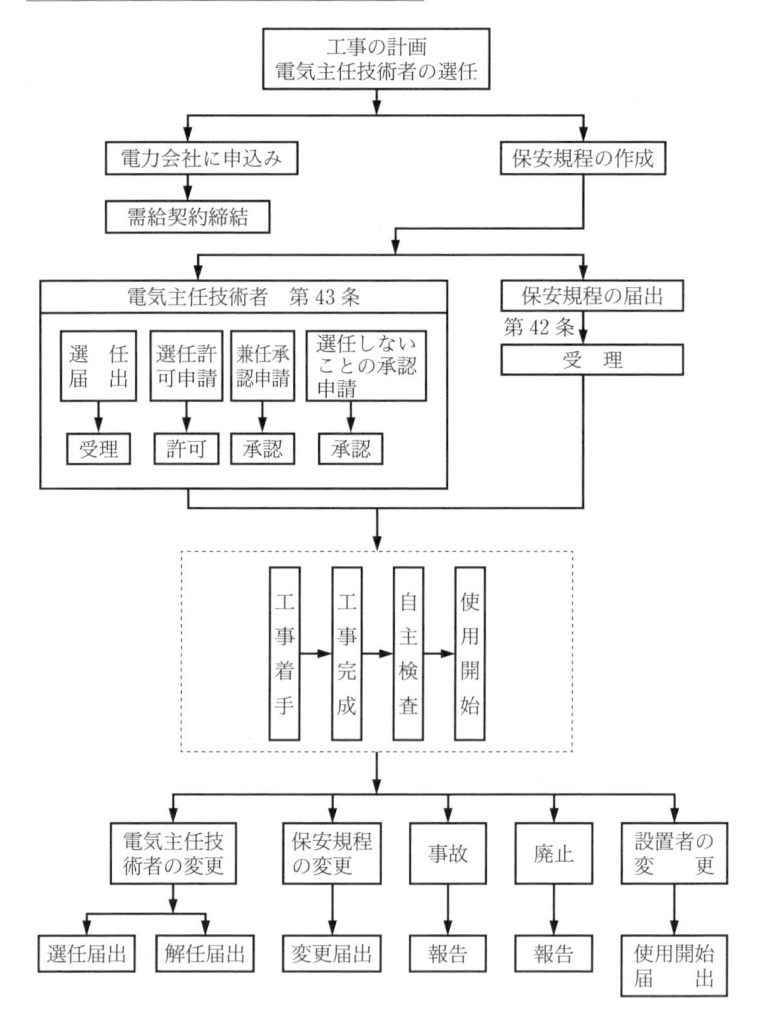

図 4.3 最大電力 1 000 kW 未満の需要設備を新設する場合の手続図

ない。ただし，第 47 条第 1 項の認可又は同条第 4 項若しくは第 48 条第 1 項の規定による届出に係る自家用電気工作物を使用する場合及び経済産業省令で定める場合は，この限りでない[†]。

---

†(注)　**法第 53 条ただし書における使用開始届出を要するものの範囲**
施行規則第 87，81 条（概要）

① 電気工作物を他から譲り受け，または借り受けて自家用電気工作物として使用する場合
② 鉄道営業法，地方鉄道法または軌道法の適用を受ける変電所の直流き電側設備，または交流き電側設備を使用する場合
③ 電車線路，き電線路または帰線を使用する場合

4.3.3 一般用電気工作物に関する規定（第3章，第3節，第56条～第57条の2）

（a）保安方式 一般用電気工作物の定義は第38条において明示されているが，これの保安方式については，一般に所有者または占有者は電気知識の乏しい者が多いので供給者側（一般電気事業者）に保安に関する調査の義務を課している。また，供給者はこれらの調査業務を登録調査機関（各地の電気保安協会）に委託することができる。その他，所有者または占有者から直接保安管理業務を受託できる承認法人の制度がある。

（技術基準適合命令）

第56条 経済産業大臣は，一般用電気工作物が経済産業省令で定める技術基準に適合していないと認めるときは，その所有者又は占有者に対し，その技術基準に適合するように一般用電気工作物を修理し，改造し，若しくは移転し，若しくはその使用を一時停止すべきことを命じ，又はその使用を制限することができる。（第2項省略）

（調査の義務）

第57条 一般用電気工作物において使用する電気を供給する者（以下この条，次条及び第89条第1項において「電気供給者」という。）は，経済産業省令で定めるところにより，その供給する電気を使用する一般用電気工作物が前条第1項の経済産業省令で定める技術基準に適合しているかどうかを調査しなければならない。ただし，その一般用電気工作物の設置の場所に立ち入ることにつき，その所有者又は占有者の承諾を得ることができないときは，この限りでない。

2 電気供給者は，前項の規定による調査の結果，一般用電気工作物が前条第1項の経済産業省令で定める技術基準に適合していないと認めるときは，遅滞なく，その技術基準に適合するようにするためとるべき措置及びその措置をとらなかった場合に生ずべき結果をその所有者又は占有者に通知しなければならない。

3 経済産業大臣は，電気供給者が第1項の規定による調査若しくは前項の規定による通知をせず，又はその調査若しくは通知の方法が適当でないときは，その電気供給者に対し，その調査若しくは通知を行い，又はその調査若しくは通知の方法を改善すべきことを命ずることができる。

4 電気供給者は，帳簿を備え，第1項の規定による調査及び第2項の規定による通知に関する業務に関し経済産業省令で定める事項を記載しなければならない。

5 前項の帳簿は，経済産業省令で定めるところにより，保存しなければならない。

（調査業務の委託）

第57条の2 電気供給者は，経済産業大臣の登録を受けた者（以下「**登録調査機関**」という。）に，その電気供給者が供給する電気を使用する一般用電気工作物について，その一般用電気工作物が第56条第1項の経済産業省令で定める技術基準に適合しているかどうかを調査すること並びにその調査の結果その一般用電気工作物がその技術基準に適合していないときは，その技術基準に適合するようにするためとるべき措置及びその措置をとらなかった場合に生ずべき結果をその所有者又は占有者に通知すること（以下「調査業務」という。）を委託することができる。

2 電気供給者は，前項の規定により登録調査機関に調査業務を委託したいときは，遅滞なく，その旨を経済産業大臣に届け出なければならない。委託に係る契約が効力を失ったときも，同様とする。

（以下省略）

一般用電気工作物の調査に関する規定は施行規則によるとつぎのようである。

1．一般用電気工作物の調査の時期，調査員の資格等
施行規則第 96 条 法第 57 条第 1 項の規定による調査は，次の各号により行うものとする。
一 調査は，一般用電気工作物が設置された時及び変更の工事（ロに掲げる一般用電気工作物にあっては，受電電力の容量の変更を伴う変更の工事に限る。）が完成した時に行うほか，次に掲げる頻度で行うこと。
　イ．ロに掲げる一般用電気工作物以外の一般用電気工作物にあっては，4 年に 1 回以上
　ロ．民法（明治 29 年法律第 89 号）第 34 条の規定に基づき設立された社団法人，中小企業等協同組合法（昭和 24 年法律第 181 号）第 27 条の 2 の規定に基づき設立された事業協同組合又は中小企業団体の組織に関する法律（昭和 32 年法律第 185 号）第 42 条の規定に基づき設立された工業組合（組合員に出資させるものに限る。）であって，一般用電気工作物の所有者又は占有者から一般用電気工作物の維持及び運用に関する保安の業務（以下「**保守管理業務**」という。）を受託する事業を行うことについて，当該受託事業を行う区域を管轄する経済産業局長（当該受託事業を行う区域が 2 以上の経済産業局の管轄区域にわたるときは，経済産業大臣。以下「**所轄経済産業局長**」という。）の承認を受けたもの（以下「**承認法人**」という。）が保守管理業務を受託している一般用電気工作物（以下「**受託電気工作物**」という。）にあっては，5 年に 1 回以上
二 法第 57 条第 2 項の規定による通知をしたときは，その通知に係る一般用電気工作物について，その通知後相当の期間を経過したときに，その一般用電気工作物の所有者又は占有者の求めに応じて再び調査を行うこと。
三 調査は，電気工事士法（昭和 35 年法律第 139 号）第 4 条第 4 項各号の者†と同等以上の知識および技能を有する者が行うこと。
四 調査を行う者（以下「**調査員**」という。）は，その身分を示す証明書を携帯し，関係人の請求があったときは，これを提示すること。

†(注)　**承認法人の制度**　一般用電気工作物の保守管理は，法制上主任技術者の監督下にないので，所有者がこれの保守管理業務を電気工事業者やビル管理業者などに委託する場合がある。このような**保守管理事業**を法令で明確に位置

づけ，この事業を指導監督することによって他の保守管理業者の業務にも指針を与え，一般用電気工作物の保安体制を整えるという主旨で設けられた法人制度である。承認法人に関しては，施行規則第96条～第102条に規定されており，その概要はつぎのとおりである。

① 承認法人になれる法人は，各都道府県の電気工事業組合，協同組合，または電気工事業者を構成員とする社団法人に限られ，かつ，その加盟者数が当該都道府県の全電気工事業者の1/3以上であること。

② 承認法人は「**保守管理業務規程**」を定め，経産大臣の承認を受けること。また，保守管理業務の契約時には，電気供給事業者に通知すること。

（b） 登録調査機関に関する規定（第5章，第1節，第3節） 登録調査機関の設立から業務遂行についてはつぎのように規定している。

登録調査機関を設立する場合は，経産大臣に申請を行い指定を受ける。その際公益法人としての適格性が審査される（**第89条～第90条**）。登録調査機関は「業務規程」を作製し，経産大臣に認可を受けなくてはならない。調査区域の変更などの場合は認可（増加の場合）あるいは届出（減少または廃止の場合）をしなくてはならない（**第92条の2及び3**）。また，調査結果の記録と保存期間については準用規定による（**施行規則第103条参照，第79条の準用**）。その他必要に応じて経産大臣の命令又は処分が行われる（**第80条の準用，第92条の4**）。

（注） **登録調査機関**としては，各電力会社単位で財団法人の**電気保安協会**が設立されており，現在，北海道，東北，関東，中部，北陸，関西，中国，四国，九州，沖縄の各電気保安協会がある。これらの法人では，前記の調査業務のほか，自家用電気工作物で，電気主任技術者を選任しない事業場の委託を受けて，保守管理業務も行っている（〔通達〕「主任技術者制度の運用について－第3項」参照）。また，電気保安協会以外でも，経産大臣の指定の基準に適合する者は，登録調査機関として調査業務を行うことができる。（**第90条**）

4.3.4 公益事業特権（第4章「土地等の使用」）

電気事業が公共性のきわめて高い事業であることを根拠として，**土地収用法**（昭26・法219）ならびに**公共用地の取得に関する特別措置法**（昭36・法150）によって事業用の土地の収用ならびに使用をする特権が与えられている（8.1.

4.3 電気工作物に関する規制

5参照)。

電気事業法においても，電気事業者が電線路などの工事・維持のために土地などの使用その他について特権の行使を認めるとともに，その所有者に対する義務の履行に関して概要つぎのように定めている。

電気事業者は，電線路の工事，天災等非常事態の発生時の電線路の設置，その他電気工作物設置のために，他人の土地や建物等を**一時使用**することができる。(第58条)

電気事業者は，電気工作物に関する測量または実地調査のために，他人の土地に**立ち入る**ことができる。(第59条)

電気事業者は，電線路の工事または維持のために，他人の土地を通行することができる。(第60条)

電気事業者は，植物が電線路に障害を及ぼしたり，及ぼすおそれのある場合，または測量，実地調査もしくは電線路の工事に支障を及ぼす場合は，その植物を伐採または移植することができる。また，植物が電線路に障害を及ぼし，それを放置するときに，電気の供給に重大な支障を生じたり，火災等を発生して公共の安全を阻害するおそれがあるときは，知事の許可を得ないで伐採または移植することができる。(第61条)

電気事業者または卸供給事業者は，道路，橋，溝，河川，堤防その他公共用の土地に電気事業用の電線路を設置する場合は，その管理者の許可を受けてこれを使用することができる。(第65条)

電気事業者は，第58条から第61条までにかかわる特権を行使した結果，損失を与えた者に対して補償をしなければならない。(第62条)また，補償について当事者間で協議が整わぬときは，申立てによって知事が裁定する。(第63条)土地の一時使用が終わったときには，原状回復又は原状回復が不能の場合は損失を補償して土地等を返還しなければならない。(第64条)

4.3.5 主任技術者免状

(a) **免状の種類と保安監督の範囲** 主任技術者免状の種類は，電気主任

技術者（第1種，第2種，第3種），ダム水路主任技術者（第1種，第2種）及びボイラー・タービン主任技術者（第1種，第2種）となっている（**第44条**）。これらの主任技術者が保安，監督することができる電気工作物の範囲は，施行規則（**第56条**）によって**表4.3**のように定められている。

表 4.3 免状の種類による保安監督の範囲

主任技術者免状の種類	保安の監督をすることができる範囲
一 第1種電気主任技術者免状	事業用電気工作物の工事，維持及び運用（四又は六に掲げるものを除く。）
二 第2種電気主任技術者免状	電圧17万V未満の事業用電気工作物の工事，維持及び運用（四又は六に掲げるものを除く。）
三 第3種電気主任技術者免状	電圧5万V未満の事業用電気工作物（出力5000kW以上の発電所を除く）の工事，維持及び運用（四又は六に掲げるものを除く。）
四 第1種ダム水路主任技術者免状	水力設備の工事，維持及び運用（電気的設備に係るものを除く。）
五 第2種ダム水路主任技術者免状	水力設備（ダム，導水路，サージタンク及び放水路を除く。），高さ70m未満のダム並びに圧力588kPa未満の導水路，サージタンク及び放水路の工事，維持及び運用（電気的設備に係るものを除く。）
六 第1種ボイラー・タービン主任技術者免状	火力設備（小型のガスタービンを原動力とするものであって，別に告示するもの及び内燃力を原動力とするものを除く。），原子力設備及び燃料電池設備（改質器の最高使用圧力が98kPa以上のものに限る。）の工事，維持及び運用（電気的設備に係るものを除く。）
七 第2種ボイラー・タービン主任技術者免状	火力設備（汽力を原動力とするものであって，圧力5880kPa以上のもの，小型のガスタービンを原動力とするものであって別に告示するもの及び内燃力を原動力とするものを除く。），圧力5880kPa未満の原子力設備及び燃料電池設備（改質器の最高使用圧力が98kPa以上のものに限る。）の工事，維持及び運用（電気的設備に係るものを除く。）

（b） 主任技術者免状の交付条件

第44条第2項 主任技術者免状は，次の各号のいずれかに該当する者に対し，経済産業大臣が交付する。
　一 主任技術者免状の種類ごとに経済産業省令で定める学歴又は資格及

び実務の経験を有する者
二　前項第一号から第三号までに掲げる種類の主任技術者免状にあっては，電気主任技術者試験に合格した者
第3項　免状交付の欠格者の規定（略）
第4項　法令違反者の免状返納命令（略）
第5項　主任技術者の保安監督の範囲（略）

　一定の学歴または資格を有している者が実務の経験によって得られる主任技術者の資格は，「**電気事業法の規定に基づく主任技術者の資格等に関する省令**」（以下「**主任技術者令**」と略す。）ではつぎのように規定している。なお，ダム水路主任技術者，ボイラー・タービン主任技術者に関する項は省略する。

免状の交付を受けるに必要な学歴または資格および実務の経験の内容
主任技術者省令第1条　電気事業法（昭和39年法律第170号）第44条第2項第一号の経済産業省令で定める学歴又は資格及び実務の経験は，次の表の左欄に掲げる主任技術者免状の種類に応じて，それぞれ同表の中欄及び右欄に掲げるとおりとする。

免状の種類	学歴又は資格	実務の経験	
		実務の内容	経験年数
第1種電気主任技術者免状	1　学校教育法（昭和22年法律第26号）による大学（短期大学を除く。以下同じ。）若しくはこれと同等以上の教育施設であって，経済産業大臣の認定を受けたものの電気工学に関する学科において，第7条第1項各号の科目を修めて卒業（大学院においては修了。以下同じ。）した者	電圧5万V以上の電気工作物の工事，維持又は運用	卒業前の経験年数の1/2と卒業後の経験年数との和が5年以上
	2　1に掲げる者以外の者であって，第2種電	電圧5万V以上の電気工作物の工事，維持又は	第2種電気主任技術者免状の交付を受けた後5年

	気主任技術者免状の交付を受けているもの	運用	以上
第2種電気主任技術者免状	1　学校教育法による大学若しくはこれと同等以上の教育施設であって，経済産業大臣の認定を受けたものの電気工学に関する学科において，第7条第1項各号の科目を修めて卒業した者	電圧1万V以上の電気工作物の工事，維持又は運用	卒業前の経験年数の1/2と卒業後の経験年数との和が3年以上
	2　学校教育法による短期大学若しくは高等専門学校又はこれらと同等以上の教育施設であって，経済産業大臣の認定を受けたものの電気工学に関する学科において，第7条第1項各号の科目を修めて卒業した者	電圧1万V以上の電気工作物の工事，維持又は運用	卒業前の経験年数の1/2と卒業後の経験年数との和が5年以上
	3　1及び2に掲げる者以外の者であって，第3種電気主任技術者免状の交付を受けているもの	電圧1万V以上の電気工作物の工事，維持又は運用	第3種電気主任技術者免状の交付を受けた後5年以上
第3種電気主任技術者免状	1　学校教育法による大学若しくはこれと同等以上の教育施設であって，経済産業大臣の認定を受けたものの電気工学に関する学科において，第7条第1項各号の学科を修めて卒業した者	電圧500V以上の電気工作物の工事，維持又は運用	卒業前の経験年数の1/2と卒業後の経験年数との和が1年以上
	2　学校教育法による短期大学若しくは高等専門学校又はこれらと同等以上の教育施設であって，経済産業大臣の認定を受けたものの電気工学に関する学科において，第7条第1項各号の科目を修めて卒業した者	電圧500V以上の電気工作物の工事，維持又は運用	卒業前の経験年数の1/2と卒業後の経験年数との和が2年以上

4.3 電気工作物に関する規制　57

	3　学校教育法による高等学校又はこれと同等以上の教育施設であって，経済産業大臣の認定を受けたものの電気工学に関する学科において，第7条第1項各号の学科を修めて卒業した者	電圧500V以上の電気工作物の工事，維持又は運用	卒業前の経験年数の1/2と卒業後の経験年数との和が3年以上

（c）　電気主任技術者国家試験

第45条　電気主任技術者試験は，主任技術者免状の種類ごとに，事業用電気工作物の工事，維持及び運用の保安に関して必要な知識及び技能について，経済産業大臣が行う。
2　経済産業大臣は，その指定する者（以下「**指定試験機関**」という。）に，電気主任技術者試験の実施に関する事務（以下「試験事務」という。）を行わせることができる。
3　電気主任技術者試験の試験科目，受験手続その他電気主任技術者試験の実施細目は，経済産業省令で定める。

主任技術者国家試験の実施細目については「**主任技術者省令**」（略称）で概要つぎのように規定している。
（1）　**試験の種類**（省令第6条）
第1種：一次筆記試験及び二次筆記試験（略称「一次試験，二次試験」）
第2種：　　　　同　　　　　上
第3種：一次筆記試験（略称「一次試験」。二次試験は実施しない。）
（注）　試験の方法は，一次試験はマークシート方式で，二次試験は一般記述方式または解答誘導記述方式とする。
（2）　**試験の科目**（省令第7条）
（I）　**一次試験**（筆記試験・第1種，第2種，第3種共通）
①　理　　論：電気理論，電子理論，電気計測及び電子計測に関するもの。

② 電　力：発電所及び変電所の設計及び運転，送電線路及び配電線路（屋内配線を含む。以下同じ。）の設計及び運用並びに電気材料に関するもの。
③ 機　械：電気機器，パワーエレクトロニクス，電動機応用，照明，電熱，電気化学，電気加工，自動制御，メカトロニクス並びに電力システムに関する情報の伝達及び処理に関するもの。
④ 法　規：電気法規（保安に関するものに限る。）及び電気施設管理に関するもの。
（Ⅱ）　**二次試験**（筆記試験・第1種，第2種のみ）
① 電力・管理：発電所及び変電所の設計及び運転，送電線路及び配電線路の設計及び運用並びに電気施設管理に関するもの。
② 機械・制御：電気機器，パワーエレクトロニクス，自動制御及びメカトロニクスに関するもの。
（**注**）　二次試験の受験資格は，一次試験合格者に限られる。一次試験は，科目別合格制度となっており，合格した科目は，受験年度を含めて3年以内に他の科目を受験する場合は，その科目は免除される。

4.3.6　報告および立入検査

（a）　**報告の徴収**　　経済産業大臣は，電気事業者，自家用電気工作物設置者，登録調査機関から業務などに関して報告させることができる（**第106条，第106条第2項**）。報告させることができる事項については，**電気事業法施行令**（昭40・政206，改正・平15・政243）によると概要つぎのとおりである。
（1）　原子力発電工作物の設置者に報告させる事項（**第8条第1項**）
（2）　電気事業者に報告させる事項（**第8条第2項**）
　　（一）　供給業務の運営，（二）　電気工作物の保安，（三）　財務計算，
　　（四）　調査業務の運営
（3）　自家用電気工作物設置者に報告させる事項（**第8条第3項**）
　　（一）　電気工作物の保安および使用状況，
　　（二）　特定供給事業及び卸供給事業の運営，（三）　調査業務の運営
（4）　登録調査機関に報告させる事項（**第8条第4項**）
　また，**電気関係報告規則**（昭40・通54）による報告義務は概要つぎのとおりである。

（b）　**定期報告**（**第2条**）　　電気事業法の規定に基づいて制定された電気関係報告規則（昭40.4，改正・平17・経62）によって，電気事業者，自家用

電気工作物設置者又は登録調査機関は，電気事業法施行規則で定められた様式に従い，経済産業大臣又は所轄の経済産業局長若しくは産業保安監督部長に「定期報告書」の提出が義務づけられている。ただし，自家用電気工作物設置者の場合，出力1000 kW未満の発電所については報告書の提出は免除される。

(**c**) 事故報告（第3条第2項）
(1) 原子力発電工作物設置者が，事故発生時に経済産業大臣に報告をさせる事項はつぎのように規定されている。(**第3条第1項**)
　一　感電又は原子力発電工作物の破損事故，誤操作，操作の不作為による死傷事故（死亡又は病院，診療所に治療のため入院した場合に限る。(注1)
　二　電気火災事故（工作物にあっては，半焼以上の場合に限る。(注2)
　三　第一号の理由により公共の施設，財産に対する損害，使用不能等の事故並びに社会的影響を及ぼした事故。(注3)
　四　第三号，第五号を除く主要電気工作物の破壊事故。
　五　第一号の理由により他の電気事業者に所定の電力，支障時間等の供給支障を発生させた事故。
(2) 電気事業者（第1項の工作物を除く）又は自家用電気工作物設置者が，事故の発生時に所定の報告先に報告させる事項は**表4.3**のように規定されている。(**第3条第2項**)
(**注**)　**自家用電気工作物による波及事故防止**
　　表4.3第十号は，電力会社などから受電している特別高圧又は高圧の自家用電気工作物で，責任分界点から需要側に事故などが発生した際に，需要家側で電路を遮断できずに，供給者側の遮断装置が動作して配電系統に停電などを発生させるいわゆる波及事故を指している。波及事故防止のためには自家用電気工作物の保守，点検作業が重要で，その一例として，図4.4は高圧受電設備における全停電作業を開始するときの操作手順を説明するもので，図中の番号順に操作する。① 低圧開閉器（MCCBなど）を開放する。② 受電用遮断器（CB）を開放し，検電して負荷側が無電圧であることを確認する。③ 断路器（DS）を開放する。④ 柱上区分開閉器（PAS）を開放し，断路器の電源側の無電圧を確認する。⑤ 受電用ケーブルとコンデンサの残留電荷を放電させた後，断路器の電源側を短絡して接地する。

表 4.3 電気事業用・自家用電気工作物の事故報告（平 17. 改正）

事　故	報告先 電気事業者	報告先 自家用電気工作物設置者	報告の期限
一　感電又は破損事故，誤操作等による死傷事故（注 1） 二　電気火災事故（注 2） 三　公共施設等に被害を与える事故（注 3） 四　次に掲げる主要電気工作物の破損事故（一，三，八〜十号を除く） 　イ　出力 90 万 kW 未満の水力発電所 　ロ　火力発電所の汽力又は汽力を含む 2 以上の原動力を組み合わせたもの，出力 1 000 kW 以上のガスタービン又は出力 1 万 kW 以上の内燃力発電設備 　ハ　火力発電所の汽力又は汽力を含む 2 以上の原動力を組み合わせた出力 1 000 kW 未満の発電設備 　ニ　出力 500 kW 以上の燃料電池発電所 　ホ　出力 500 kW 以上の太陽電池発電所 　ヘ　出力 500 kW 以上の風力発電所 　ト　電圧 17 万 V 以上（構内部分では 10 万 V 以上）30 万 V 未満の変電所（容量 30 万 kVA 以上若しくは出力 30 万 kW 以上の周波数変換機器又は出力 10 万 kW 以上の整流機器を設置するものを除く。） 　チ　電圧 17 万 V 以上 30 万 V 未満の交流送電線路 　リ　電圧 1 万 V 以上の需要設備（自家用電気工作物に限る）	電気工作物設置の場所を管轄する産業保安監督部長（報告提出先）電力安全課 ただし沖縄のみ那覇産業保安監督事務所・保安監督課	産業保安監督部長	（第 3 条第 3 項） ① 事故の発生を知った時から 24 時間以内可能な限り速やかに事故の発生の日時及び場所，事故が発生した電気工作物並びに事故の概要について，電話等の方法により行う。（旧規則の「速報」に相当） ② 事故の発生を知った日から起算して 30 日以内に様式 11 の報告書を提出する。（旧規則の「詳報」に相当）
五　次に掲げる主要電気工作物の破損事故（一，三，八〜十号を除く） 　イ　出力 90 万 kW 以上の水力発電所 　ロ　電圧 30 万 V 以上の変電所又は容量 30 万 kVA 以上の周波数変換機器若しくは出力 10 万 kW 以上の整流機器を設置する変電所 　ハ　電圧 30 万 V（直流では電圧 17 万 V）以上の送電線路	経済産業大臣（報告提出先）原子力安全・保安院	経済産業大臣（同左）	
六　供給支障電力が 7 000 kW 以上 7 万 kW 未満の供給支障事故であって，支障時間が 1 時間以上のもの。又は供給支障電力が 7 万 kW 以上 10 万 kW 未満の供給支障事故であって，支障時間が 10 分以上のもの	産業保安監督部長	──	
七　供給支障電力が 10 万 kW 以上の供給支障事故であって，その支障時間が 10 分以上のもの（三号及び九号を除く）	経済産業大臣	──	
八　破損事故又は誤操作等により他の電気事業者に供給支障電力が 7 000 kW 以上 7 万 kW 未満の供給支障を発生させた事故で，支障時間が 1 時間以上のもの。又は供給支障電力が 7 万 kW 以上 10 万 kW 未満の供給支障を発生させた事故で，支障時間が 10 分以上のもの（三号を除く）	産業保安監督部長	──	
九　破損事故又は誤操作等により他の電気事業者に供給支障電力が 10 万 kW 以上の供給支障を発生させた事故で，支障時間が 10 分以上のもの（三号を除く）	経済産業大臣	──	
十　一般電気事業者の一般電気事業用電気工作物又は特定電気事業者の特定電気事業用電気工作物と電気的に接続されている電圧 3 000 V 以上の自家用電気工作物の破損事故，電気工作物の誤操作，操作の不作為により一般電気事業者又は特定電気事業者に供給支障を発生させた事故	──	産業保安監督部長	
十一　ダムによって貯留された流水が当該ダムの洪水吐きから異常に放流された事故（三号を除く）	産業保安監督部長	産業保安監督部長	

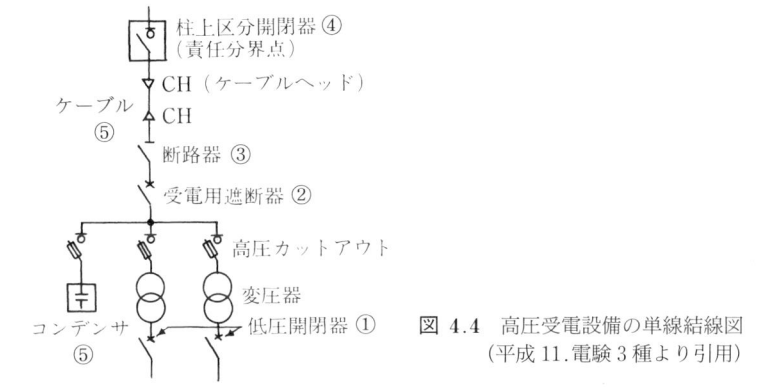

4.3 電気工作物に関する規制　　61

```
          柱上区分開閉器 ④
          （責任分界点）
          CH（ケーブルヘッド）
ケーブル    CH
   ⑤
          断路器 ③
          受電用遮断器 ②
          高圧カットアウト
          変圧器
コンデンサ  低圧開閉器 ①
   ⑤
```

図 4.4　高圧受電設備の単線結線図
（平成 11. 電験 3 種より引用）

（**d**）**立入検査**　経済産業大臣は，その職員に，電気事業者，自家用電気工作物設置者，燃料体加工業者，溶接業者，登録調査機関の事業所等に立ち入り，電気工作物，書類，帳簿等を検査させることができる。また，一般用電気工作物の設置の場所に立入検査ができる（**第 107 条〜第 107 条第 6 項**）。

第5章　電気設備の保安に関する法令

5.1　電気工事士法

5.1.1　電気工事士法の変遷

　一般用電気工作物は，電気に関する専門知識に乏しい者が維持，管理する場合が多いので，その工事および使用される材料，機器について保安を確保するための措置が必要となる。このような主旨で，電気工事については昭和10年に「**電気工事人取締規則**」（逓信省令第31号）が制定されたが，この省令は法律の規定に基づかない独立命令であったため，新憲法制定に伴って，その第22条「職業選択の自由」に抵触するという理由で昭和22年12月に廃止された。その後，昭和34年に「電気工事技術者検定規則」が制定されて任意検定制度が設けられたが，昭和35年に現行の「**電気工事士法**」が制定され，国の免許制度（強制検定制度）となった。

　また，昭和62年に「**改正電気工事士法**」が公布され，従来の一般用電気工作物のほか，最大電力500 kW未満の自家用電気工作物の電気工事も規制対象となり，電気工事士に種別（第1種，第2種）が設けられた。

5.1.2　目的および定義

（目　　　的）
第1条　この法律は，電気工事の作業に従事する者の資格及び義務を定め，もって電気工事の欠陥による災害の発生の防止に寄与することを目的とする。

(定　　義)

第 2 条　この法律において「**一般用電気工作物**」とは，電気事業法第 38 条第 1 項に規定する一般用電気工作物をいう。

2　この法律において「**自家用電気工作物**」とは，電気事業法第 38 条第 4 項に規定する自家用電気工作物（発電所，変電所，最大電力 500 kW 以上の需要設備（中略）その他の経済産業省令で定めるものを除く。）をいう。

3　この法律において「**電気工事**」とは，一般用電気工作物又は自家用電気工作物を設置し，又は変更する工事をいう。ただし，政令で定める軽微な工事を除く†。

4　この法律において「**電気工事士**」とは，次条第 1 項に規定する第 1 種電気工事士及び同条第 2 項に規定する第 2 種電気工事士をいう。

†(注)　「軽微な工事」の内容は施行令によるとつぎのとおりである。

施行令第 1 条　電気工事士法（以下「法」という。）第 2 条第 2 項ただし書の政令で定める軽微な工事は，次のとおりとする。
　一　電圧 600 V 以下で使用する差込み接続器，ねじ込み接続器，ソケット，ローゼットその他の接続器又は電圧 600 V 以下で使用するナイフスイッチ，カットアウトスイッチ，スナップスイッチその他の開閉器にコード又はキャブタイヤケーブルを接続する工事
　二　電圧 600 V 以下で使用する電気機器（配線器具を除く。以下同じ。）又は電圧 600 V 以下で使用する蓄電池の端子に電線（コード，キャブタイヤケーブルを含む。）をねじ止めする工事
　三　電圧 600 V 以下で使用する電力量計若しくは電流制限器又はヒューズを取り付け，又は取り外す工事
　四　電鈴，インターホーン，火災感知器，豆電球その他これらに類する施設に使用する小型変圧器（二次電圧が 36 V 以下のものに限る。）の二次側の配線工事
　五　電線を支持する柱，腕木その他これらに類する工作物を設置し，又は変更する工事

六　地中電線用の暗渠又は管を設置し，又は変更する工事

5.1.3　無資格者の電気工事の禁止

第 3 条　第 1 種電気工事士免状の交付を受けている者（以下「**第 1 種電気工事士**」という。）でなければ，自家用電気工作物に係る電気工事（第 3 項に規定する電気工事を除く。第 4 項において同じ。）の作業（自家用電気工作物の保安上支障がないと認められる作業であって，経済産業省令で定めるものを除く。）に従事してはならない。

2　第 1 種電気工事士又は第 2 種電気工事士免状の交付を受けている者（以下「**第 2 種電気工事士**」という。）でなければ，一般用電気工作用に係る電気工事の作業（一般用電気工作物の保安上支障がないと認められる作業であって，経済産業省令で定めるもの†を除く。以下同じ。）に従事してはならない。

3　自家用電気工作物に係る電気工事のうち経済産業省令で定める特殊なもの（以下「**特殊電気工事**」という。）については，当該特殊電気工事に係る特種電気工事資格者認定証の交付を受けている者（以下「**特種電気工事資格者**」という。）でなければ，その作業（自家用電気工作物の保安上支障がないと認められる作業であって，経済産業省令で定めるものを除く。）に従事してはならない。

4　自家用電気工作物に係る電気工事のうち経済産業省令で定める簡易なもの（以下「**簡易電気工事**」という。）については，第 1 項の規定にかかわらず，認定電気工事従事者認定証の交付を受けているもの（以下「**認定電気工事従事者**」という。）は，その作業に従事することができる。

†**(注)**　「保安上支障がないと認められる作業で省令で規定されるもの」の内容は施行規則においてつぎのように規定している。この条文中，「軽微な作業」の定義は「保安上支障が認められる作業以外の作業」をいう。すなわち，施

行規則第 2 条第一号のイ項からヲ項までの作業は，電気工事士でなければできない作業ということである。

(軽微な作業)
施行規則第 2 条 法第 3 条第 1 項の自家用電気工作物の保安上支障がないと認められる作業であって，経済産業省令で定めるものは，次のとおりとする。
　一　次に掲げる作業以外の作業
　　イ　電線相互を接続する作業
　　ロ　がいしに電線を取り付ける作業
　　ハ　電線を直接造営材その他の物件（がいしを除く。）に取り付ける作業
　　ニ　電線管，線樋，ダクトその他これらに類する物に電線を収める作業
　　ホ　配線器具を造営材その他の物件に固定し，又はこれに電線を接続する作業（露出型点滅器または露出型コンセントを取り換える作業を除く。）
　　ヘ　電線管を曲げ，若しくはねじ切りし，又は電線管相互若しくは電線管とボックスその他の付属品とを接続する作業
　　ト　ボックスを造営材その他の物件に取り付ける作業
　　チ　電線，電線管，線樋，ダクトその他これらに類する物が造営材を貫通する部分に防護装置を取り付ける作業
　　リ　金属性の電線管，線樋，ダクトその他これらに類する物又はこれらの付属品を，建造物のメタルラス張り，ワイヤラス張り又は金属板張りの部分に取り付ける作業
　　ヌ　配電盤を造営材に取り付ける作業
　　ル　接地線を一般用電気工作物に取り付け，接地線相互若しくは接地線と接地極とを接続し，又は接地極を地面に埋設する作業
　　ヲ　電圧 600 ボルトを超えて使用する電気機器に電線を接続する作業
　二　第 1 種電気工事士が従事する前号イからヲまでに掲げる作業を補助する作業
2　法第 3 条第 2 項の一般用電気工作物の保安上支障がないと認められる作業であって，経済産業省令で定めるものは，次のとおりとする。
　一　次に掲げる作業以外の作業
　　イ　前項第 1 号イからヌまで及びヲに掲げる作業
　　ロ　接地線を一般用電気工作物に取り付け，接地線相互若しくは接地線と接地極とを接続し，又は接地極を地面に埋設する作業
　二　電気工事士が従事する前号イ及びロに掲げる作業を補助する作業

(特殊電気工事)

施行規則第 2 条の 2　法第 3 条第 3 項の自家用電気工作物に係る電気工事のうち経済産業省令で定める特殊なものは，次のとおりとする。
　一　ネオン用として設置される分電盤，主開閉器（電源側の電線との接続部分を除く。）タイムスイッチ，点滅器，ネオン変圧器，ネオン管及びこれらの付属設備に係る電気工事（以下「**ネオン工事**」という。）
　二　非常用予備発電装置として設置される原動機，発電機，配電盤（他の需要設備との間の電線との接続部分を除く。）及びこれらの付属設備に係る電気工事（以下「**非常用予備発電装置工事**」という。）
2　法第 3 条第 3 項の自家用電気工作物の保安上支障がないと認められる作業であって，経済産業省令で定めるものは，特種電気工事資格者が従事する特殊電気工事の作業を補助する作業とする。

(簡易電気工事)

施行規則第 2 条の 3　法第 3 条第 4 項の自家用電気工作物に係る電気工事のうち経済産業省令で定める簡易なものは，電圧 600 ボルト以下で使用する自家用電気工作物に係る電気工事（電線路に係るものを除く。）とする。

5.1.4　電気工事士免状および試験

(電気工事士免状)

第 4 条　電気工事士免状の種類は，第 1 種電気工事士免状及び第 2 種電気工事士免状とする。
2　電気工事士免状は，都道府県知事が交付する。
3　第 1 種電気工事士免状は，次の各号の一に該当する者でなければ，その交付を受けることができない。
　一　第 1 種電気工事士試験に合格し，かつ，経済産業省令で定める電気に関する工事に関し経済産業省令で定める実務の経験を有する者
　二　経済産業省令で定めるところにより，前号に掲げる者と同等以上の知識及び技能を有していると都道府県知事が認定した者
4　第 2 種電気工事士免状は，次の各号の一に該当する者でなければ，そ

の交付を受けることができない。
　一　第2種電気工事士試験に合格した者
　二　経済産業大臣が指定する養成施設において，経済産業省令で定める第2種電気工事士たるに必要な知識及び技能に関する課程を修了した者
　三　経済産業省令で定めるところにより，前2号に掲げる者と同等以上の知識及び技能を有していると都道府県知事が認定した者
第4条の2（要約）　特種電気工事資格者及び認定電気工事従事者の認定証は，経産大臣が当該電気工事についての知識と技能を有していると認定した者に交付する。

（電気工事士試験）

第6条　電気工事士試験の種類は，第1種電気工事士試験及び第2種電気工事士試験とする。

2　第1種電気工事士試験は自家用電気工事物の保守に関して必要な知識及び技能について，第2種電気工事士試験は一般電気工作物の保安に関して必要な知識及び技能について行う。

　　（第3項以下省略。）

電気工事士試験の実施は，経産大臣の「**指定試験機関**」[†]が行えることになっている（**第7条〜第7条の18**）。また試験の実施細目は施行令によってつぎのように規定している。

　†（注）「指定試験機関」として，現在（財）**電気技術者試験センター**（本部・東京）がある。

（電気工事士試験）
施行令第7条　電気工事士試験（以下「試験」という。）は，筆記試験及び技能試験の方法により行う。
（筆記試験）
施行令第8条　筆記試験は，次の表の上欄に掲げる試験の種類に応じて，それ

れ同表の下欄に掲げる科目について行う。

試験の種類	科　　　　目
第1種電気工事士試験	一　電気に関する基礎理論　　二　配電理論及び配線設計　　三　電気応用　　四　電気機器，蓄電池，配線器具，電気工事用の材料及び工具並びに受電設備　　五　電気工事の施工方法　　六　自家用電気工作物の検査方法　　七　配線図　　八　発電施設，送電施設及び変電施設の基礎的な構造及び特性　　九　一般用電気工作物及び自家用電気工作物の保安に関する法令
第2種電気工事士試験	一　電気に関する基礎理論　　二　配電理論及び配線設計　　三　電気機器，配線器具並びに電気工事用の材料及び工具　　四　電気工事の施工方法　　五　一般用電気工作物の検査方法　　六　配線図　　七　一般用電気工作物の保安に関する法令

1　前項の科目の範囲は，経済産業省令（施行規則第10条）で定める。

（筆記試験の免除）

施行令第 9 条　電気事業法（昭和39年法律第170号）第54条第1項の第1種電気主任技術者免状，第2種電気主任技術者免状若しくは第3種電気主任技術者免状の交付を受けている者又は旧電気事業主任技術者資格検定規則（昭和7年逓信省令第54号）により電気事業主任技術者の資格を有する者に対しては，その申請により，第1種電気工事士試験の筆記試験を免除する。

2　次の各号の一に該当する者に対しては，その申請により，第2種電気工事士試験の筆記試験を免除する。

　一　学校教育法（昭和22年法律第26号）による高等学校若しくは旧中等学校令（昭和18年勅令第36号）による実業学校又はこれらと同等以上の学校において経済産業省令（施行規則第 11 条）†で定める電気工学の課程を修めて卒業した者

（第二号，第三号省略）

　四　電気事業法第44条第2項の第1種電気主任技術者免状，第2種電気主任技術者免状若しくは第3種電気主任技術者免状の交付を受けている者又は旧電気事業主任技術者資格検定規則により電気事業主任技術者の資格を有する者

3　筆記試験に合格した者に対しては，その申請により，次回のその合格した筆記試験に係る試験と同一の種類の試験の筆記試験を免除する。

（技 能 試 験）

施行令第 10 条　技術試験は，当該試験の筆記試験の合格者又は前条の規定により筆記試験を免除された者に対し，第8条第1項の表の上欄に掲げる試験

の種類に応じて，それぞれ同表の下欄に掲げる科目の範囲内において，経済産業省令で定めるところにより，必要な技能について行う。

†(注) 施行規則第11条で定める**筆記試験免除の条件**となる電気工学の課程は，電気理論，電気計測，電気機器，電気材料，送配電，製図（配線図を含む）および電気法規とする。
　　施行規則第12条で定める**技能試験**は，第1種，第2種とも施工法，電気機器および工事用材料，電気測定，工作物の検査および修理などの事項が出題される。

5.1.5　電気工事士の義務

① 電気工事士等は電気工事の作業に従事するときは，電気設備技術基準に適合するように作業をしなければならない。（**第5条**）

② 電気工事士等は電気工事の作業に従事するときは，電気工事士免状又はそれぞれの認定証を携帯していなければならない。（**第5条**）

③ 電気工事士は，電気工事の業務を開始したときはその開始の日から10日以内に都道府県知事に住所，勤務先など届け出なければならない。届け出た事項に変更があったとき，又はその業務を廃止したときも同様とする。（**第8条**）

④ 都道府県知事から，電気工事の業務に関し報告を求められた場合は，それに応じなければならない。（**第9条**）

⑤ 電気用品安全法第28条により，電気用品を電気工事に使用する場合は，それぞれ所定の表示のあるものを使用しなければならない。

⑥ 第1種電気工事士は，免状取得後，5年ごとに電気工事技術講習センターが行う定期講習を受けなければならない。この講習を受けないと免状を取り消されることがある。（**第4条**）

5.2 電気工事業の業務の適正化に関する法律
（略称 電気工事業法）

電気工事業法（制定 昭45・法96）は，電気工事業を行う事業者を指導監督し，その業務を規制する措置を講ずることによって，電気工作物の保安確保を図るため制定されたもので，全文42条からなっている。

5.2.1 目的および定義（第1章 総則）

（目　　的）

第1条　この法律は，電気工事業を営む者の登録等及びその業務の規制を行うことにより，その業務の適正な実施を確保し，もって一般用電気工作物及び自家用電気工作物の保安の確保に資することを目的とする。

（定　　義）

第2条　この法律において「**電気工事**」とは，電気工事士法（昭和35年法律139号）第2条第3項に規定する電気工事をいう。ただし，家庭用電気機械器具の販売に附随して行う工事を除く。

2　この法律において「**電気工事業**」とは，電気工事を行う事業をいう。

3　この法律において「**登録電気工事業者**」とは，次条第4項又は第3項の登録を受けた者を，「**通知電気工事業者**」とは，第17条の2第1項の規定による通知をした者を，「**電気工事業者**」とは，登録電気工事業者及び通知電気工事業者をいう。

4　この法律において「**第1種電気工事士**」とは，電気工事士法第3条第1項に規定する第1種電気工事士を，「**第2種電気工事士**」とは，同条第2項に規定する第2種電気工事士をいう。

5　この法律において「**一般用電気工作物**」とは，電気工事士法第2条第1項に規定する一般用電気工作物を，「**自家用電気工作物**」とは，同条第2項に規定する自家用電気工作物をいう。

5.2.2 電気工事業者の登録の規定

電気工事業者の登録ならびに通知に関する条文の概要は，つぎのとおりである。

（a） **登録電気工事業者**　一般用電気工作物のみ又は一般用電気工作物及び自家用電気工作物の両方の電気工作物に対してこれを設置し，又は変更する工事業を営もうとする者は，二以上の都道府県の区域内に営業所（電気工事の作業の管理を行わない営業所を除く。）を設置してその事業を営もうとするときは経産大臣又は所轄経産局長に，一つの都道府県の区域内にのみ営業所を設置してその事業を営もうとするときは当該営業所の所在地を管轄する都道府県知事に申請書を提出して登録を受けなければならない。（第3条，第4条）

登録を受けた者を「**登録電気工事業者**」といい，登録電気工事業者登録証が発行されるが，登録の有効期間が5年となっているので，期間満了後も引き続き電気工事業を営もうとする者は，更新の登録を受けなければならない。（第3条第2項～第5項）

経産大臣または当該知事は，登録申請者に違法性がない場合には登録簿に登録をする。また，事業の譲渡・廃止，登録内容の変更などの場合に届出の義務がある。その他，登録の失効と消除について規定している。（第5条～第17条）

（b） **通知電気工事業者**　自家用電気工作物に係る電気工事（自家用電気工事という。）だけを行う電気工事業を営もうとする者は，その事業を開始しようとする日の10日前までに，二以上の都道府県の区域内に営業所を設置してその事業を営もうとするときは経産大臣又は所轄経産局長に，一つの都道府県の区域内にのみ営業所を設置してその事業を営もうとするときは当該営業所の所在地を管轄する都道府県知事にその旨を通知しなければならない。通知した者を「**通知電気工事業者**」という。（第17条の2，第17条の3）

（c） **建設業者に関する特例規定**（第34条）

（1）　建設業法の規定によって「建設業の許可」を受けた電気工事業者は，この法律による登録を受けた登録電気工事業者†とみなしてこの法律の規定の

適用を受ける。通知電気工事業者の場合も同様の扱いを受ける。(**第1項〜第3項**)

†(注)　このような電気工事業者は，通称「**みなし登録電気工事業者及びみなし通知電気工事業者**」と呼ばれている。

（2）　みなし登録電気工事業者及びみなし通知電気工事業者としての登録電気工事業者は，事業の開始または変更したときには届け出なければならない。同じく通知電気工事業者の場合は，通知をしなければならない。(**第4項，第5項**)

（3）　登録電気工事業者がみなし登録電気工事業者及びみなし通知電気工事業者となったときは，この法律による登録は効力を失う。(**第6項**)

5.2.3　業務上の規制

前述の登録などのほかに電気工事業者の業務に関しては，つぎのとおり規制されている。

（a）　主任電気工事士の規定

（1）　登録電気工事業者は，その一般用電気工作物に係る電気工事（一般用電気工事という。）の業務を行う営業所（特定営業所という。）ごとに，第1種電気工事士又は電気工事士法による第2種電気工事士免状の交付を受けた後電気工事に関し3年以上の実務の経験を有する第2種電気工事士を「主任電気工事士」として置かなければならない。(**第19条**)

（2）　主任電気工事士は，一般用電気工事による危険及び障害が発生しないように一般用電気工事の作業の管理の職務を誠実に行わなければならない。(**第20条**)

（b）　電気工事の作業従事者および下請けの規定

（1）　電気工事業者は，その業務に関し，第1種電気工事士でない者を自家用電気工事（特殊電気工事を除く。）の作業に従事させてはならない。ただし，認定電気工事従事者を簡易電気工事（電圧600V以下で使用する自家用電気工作物に係る電気工事（電線路に係るものを除く。）をいう。）の作業に従事さ

せることはできる。（第 21 条）

（2） 登録電気工事業者は，その業務に関し，第 1 種電気工事士又は第 2 種電気工事士でない者を一般用電気工事の作業に従事させてはならない。（第 21 条第 2 項）

（3） 電気工事業者は，その業務に関し，特種電気工事資格者でないものを特殊電気工事の作業に従事させてはならない。（第 21 条第 3 項）

（4） 電気工事業者は，その請け負った電気工事を当該電気工事に係る電気工事業を営む電気工事業者でない者に請け負わせてはならない。（第 22 条）

（c） 工事・運営上の規定

（1） 違法な電気用品を使用してはならない。（第 23 条）

（2） 営業所ごとに，一般用電気工事の業務のみの場合は絶縁抵抗計，接地抵抗計，回路計などを備えなくてはならない。自家用電気工作物の電気工事の業務の場合は，その他に検電器，継電器試験装置，絶縁耐力試験装置を備えなくてはならない。（第 24 条，施行規則第 11 条）

（3） 営業所および施工場所に標識を掲示し，帳簿を備え，記録を保存しなければならない。（第 25 条，第 26 条，施行規則第 13 条）

（d） 電気工事業者に対する監督，命令の規定

（1） 経産大臣又は都道府県知事は，電気工事業者が次のようなときは必要な措置をとることを命ずることができる。（第 27 条）

① 粗雑な電気工事のため危険や障害が発生したり，そのおそれがあるとき。

② 違法な電気用品を使用したり，法定の計測器具を備えていないとき。

③ 他の都道府県知事の登録を受けた電気工事業者の場合でも，上記の状態があるときは同様の命令ができる。この場合処分をした当該知事は，登録をした知事または通知を受けた知事に通告しなければならない。

（2） 経産大臣または都道府県知事は，違法行為があったときは，登録を取消しまたは事業の停止を命ずることができる。また，業務の報告を求めたり立ち入り検査ができる。なお，上記の処分をするときは，公開聴聞を行わなけれ

ばならない。（第 28 条～第 30 条）

5.3　電気用品安全法

　電気用品に関する取締り法令として，昭和 10 年に電気用品取締規則が制定された。その後の消防庁の火災統計などで，電気用品の不良による電気火災の事例が多く見受けられるようになり，昭和 34 年の消防法改正を機に関係機関の討議を経て，昭和 36 年に取締法規として従来の電気用品取締規則に代わり，現行の形態をもった電気用品取締法（法律第 234 号）が制定された。この法律は，電気使用場所の低圧回路で使用する比較的小容量の電気・電子機器や配線材料において，粗悪な機材（電気用品）により感電，火災，機器破壊，電波障害などの危険および障害が発生しないように製造，販売および使用を規制するものである。

　平成 11 年に，従来の電気用品取締法における型式認可による政府認証制度を廃止し，製造および輸入事業者自身による確認を基本とすることになり，とくに危険性の高い電気用品（特定電気用品）については，第三者機関（認定検査機関または承認検査機関）による適合検査を義務づけることにした。これと同時に法律の名称を**電気用品安全法**（平 11. 法 121）と改めた。

5.3.1　目的および定義（第 1 章　総則）

（目　　的）
第 1 条　この法律は，電気用品の製造，販売等を規制するとともに，電気用品の安全性の確保につき民間事業者の自主的な活動を促進することにより，電気用品による危険及び障害の発生を防止することを目的とする。
（定　　義）
第 2 条　この法律において「**電気用品**」とは，次に掲げる物をいう。

一　一般用電気工作物（電気事業法第38条第1項に規定する一般用電気工作物をいう）の部分となり，又はこれに接続して用いられる機械，器具又は材料であって，政令で定めるもの。
　二　携帯発電機であって，政令で定めるもの。
2　この法律において「**特定電気用品**」とは，構造又は使用方法その他の使用状況からみて特に危険又は障害の発生するおそれが多い電気用品であって，政令で定めるものをいう。

電気用品安全法の体系図を図5.1に示す。
（注）　第2条で定義する「**特定電気用品**」は旧電気用品取締法の「甲種電気用品」に相当し，それ以外は旧法の「乙種電気用品」に相当する。

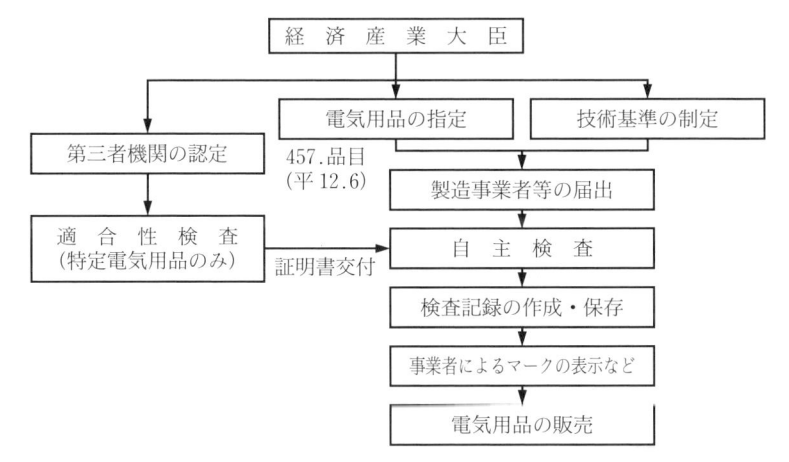

```
                    ┌─────────────┐
                    │ 経済産業大臣 │
                    └──────┬──────┘
         ┌─────────────────┼─────────────────┐
         ▼                 ▼                 ▼
┌──────────────┐  ┌──────────────┐  ┌──────────────┐
│第三者機関の認定│  │ 電気用品の指定│  │ 技術基準の制定│
└──────┬───────┘  │  457.品目    │  └──────┬───────┘
       │          │  （平12.6）   │         │
       │          └──────────────┘         ▼
       │                             ┌──────────────┐
       │                             │製造事業者等の届出│
       ▼                             └──────┬───────┘
┌──────────────┐                            ▼
│  適合性検査   │ 証明書交付        ┌──────────────┐
│(特定電気用品のみ)├──────────────▶│   自　主　検　査  │
└──────────────┘                   └──────┬───────┘
                                           ▼
                                   ┌──────────────┐
                                   │検査記録の作成・保存│
                                   └──────┬───────┘
                                           ▼
                                   ┌──────────────────┐
                                   │事業者によるマークの表示など│
                                   └──────┬───────────┘
                                           ▼
                                   ┌──────────────┐
                                   │  電気用品の販売  │
                                   └──────────────┘
```

　　（注）　1．電気用品流通後に，表示のない製品，技術基準不適合製品の販売が行われた場合，さらに，それに起因する事故が発生した場合，報告の徴収，立入検査，用品提出命令が施行される。
　　　　　2．上記の結果，改善命令・業務停止命令が下され，内容により回収命令が下され，罰則が適用される。

図 5.1　電気用品安全法の体系図

5.3.2　電気用品の製造，輸入に関する規制

(a)　事業の届出等（第2章）

第3条　電気用品の製造又は輸入の事業を行う者は，経済産業省令で定める電気用品の区分に従い，事業開始の日から30日以内に，次の事項を経済産業大臣に届け出なければならない。（以下要約）
　一　氏名又は名称，住所，法人代表者名。　二　電気用品の型式の区分。　三　製造工場又は事業所（輸入の場合は製造事業者）の名称・所在地。

「届出」に関する条文の概要はつぎのとおりである。

届出事業者の事業を譲り受け又は相続によって承継した者は経産大臣に届け出なければならない。また，届出事項の変更，事業の廃止の場合も経産大臣に届け出なければならない（**第4条～第6条**）。

(b)　電気用品の適合性検査等（第3章）

（基準適合義務等）

第8条　届出事業者は，第3条の規定による届出に係る型式（以下単に「**届出に係る型式**」という。）の電気用品を製造し，又は輸入する場合においては，経済産業省令で定める技術上の基準（以下「**技術基準**」という。）に適合するようにしなければならない。（以下ただし書きを省略）

2　届出事業者は，経済産業省令で定めるところにより，その製造又は輸入に係る前項の電気用品（同項ただし書きの内容のものを除く）について検査を行い，その検査記録を作成し，これを保存しなければならない。

「特定電気用品の適合性検査」に関する条文の概要はつぎのとおりである。

特定電気用品の製造又は輸入事業者は，販売前に，経産大臣の認定する者又

は承認する者の検査（**適合性検査**）を受け，証明書の交付を受け保存しなければならない（**第9条**）。

（ c ） 電気用品の表示

届出事業者は，電気用品の適合性検査を受け証明書の交付を受けたときは，当該用品に経産省令で定めた表示を付することができる。それ以外の場合は，何人も規定の表示やこれと紛らわしい表示を付してはならない（**第10条**）。

経産大臣は，電気用品が技術基準に適合していないときは届出事業者に改善命令をだすことができる。また，当該電気用品が危険や障害の発生があると認められたり，適合性検査を受けていないときは，表示を付することを禁止することができる（**第10条〜第11条**）。

1. 特定電気用品の表示内容
    ① 表示が義務付けられるマーク（**左図**）
    ② ①のマークに添える認定（承認）検査機関名
      （例：**JET** －（独立行政法人）電気安全環境研究所のマーク）
    ③ 届出事業者名
    ④ 技術基準の規定による定格等

2. 特定電気用品以外の電気用品の表示内容
    ① 表示が義務付けられるマーク（**左図**）
    ② 届出事業者名
    ③ 技術基準の規定による定格等

市場流通品に対する表示の確認方法としては，旧電気用品取締法並びに電気用品安全法（改正法）の第2条で定義される電気用品（**移行電気用品**という）については，旧法の規定による「表示（▽）」が市場流通の過程で混在する猶予期間が電気用品安全法施行令によって認められ，旧甲種電気用品では，平成13年4月から起算して5年（電熱器具等），7年（電線等），10年（配線器具等）の期間はそれぞれ有効としている。なお，旧乙種電気用品では平成16年4月以降は混在が認められる該当品目はない。（**第49条，第50条**）表 **5.1** に電気用品の品目を示す。

第5章 電気設備の保安に関する法令

表 5.1 電気用品の品目

1. 特定電気用品（旧甲種電気用品に相当） 合計 114 品目

1.	【電　　線】（23品目）	
	ゴム絶縁電線，合成樹脂絶縁電線，ケーブル（導体の公称断面積が 22 mm² 以下で外装がゴム又は合成樹脂のもの），単心ゴムコード，より合わせゴムコード，袋打ちゴムコード，丸打ちゴムコード，その他のゴムコード，単心ビニルコード，単心ポリエチレンコード，より合わせビニルコード，袋打ちビニルコード，丸打ちビニルコード，その他のビニルコード，その他のポリエチレンコード，キャブタイヤコード（ゴム絶縁，ビニル絶縁又はポリエチレン絶縁のもの），金糸コード，キャブタイヤケーブル（ゴム絶縁・外装，ビニル絶縁・外装又は合成樹脂系絶縁・外装のもの）	
2.	【ヒューズ】（4品目）	
	温度ヒューズ，その他のヒューズ（つめ付きヒューズ，管形ヒューズ，その他の包装ヒューズ）	
3.	【配線器具】（43品目）	
	タンブラースイッチ，中間スイッチ，タイムスイッチ，その他の点滅器（ロータリースイッチ，押しボタンスイッチ，プルスイッチ，ペンダントスイッチ，街灯スイッチ，光電式自動点滅器，その他の点滅器），箱開閉器，フロートスイッチ，圧力スイッチ，ミシン用コントローラー，配線用遮断器，漏電遮断器，カットアウト，差し込み接続器（差し込みプラグ，コンセント，マルチタップ，コードコネクターボディ，アイロンプラグ，器具用差し込みプラグ，アダプター〈差し込み〉，コードリール，その他の差し込み接続器），ねじ込み接続器（ランプレセプタクル，セパラブルプラグボディ，アダプター〈ねじ込み〉，その他のねじ込み接続器），ソケット（蛍光灯用ソケット，蛍光灯用スターターソケット，分岐ソケット，キーレスソケット，防水ソケット，キーソケット，プルソケット，ボタンソケット，その他のソケット），ローゼット（ねじ込みローゼット，引掛けローゼット，その他のローゼット），ジョイントボックス	
4.	【電流制限器】（2品目）	
	電流制限器（アンペア制用電流制限器，定額制用電流制限器）	
5.	【変圧器・安定器】（6品目）	
	家庭機器用変圧器（おもちゃ用変圧器，その他の家庭機器用変圧器），電子応用機械器具用変圧器，蛍光灯用安定器，水銀灯用安定器その他の高圧放電灯用安定器，オゾン発生器用安定器	
6.	【電熱器具】（15品目）	
	電気便座，電気温蔵庫，水道凍結防止器，ガラス曇り防止器，その他の凍結又は凝結防止用電熱器具，電気温水器，電熱式吸入器，その他の家庭用電熱治療器（家庭用温熱治療器），電気スチームバス，スチームバス用電熱器，電気サウナバス，サウナバス用電熱器，鑑賞魚用ヒーター，鑑賞植物用ヒーター	
7.	【電動力応用機械器具】（15品目）	
	電気ポンプ（電気ポンプ，電気井戸ポンプ），冷蔵庫用のショーケース，冷凍用のショーケース，アイスクリームフリーザー，ディスポーザー，電気マッサージ器，自動洗浄乾燥式便器，自動販売機，電気気泡発生器（浴槽用電気気泡発生器，鑑賞魚用電気気泡発生器，その他の電気気泡発生器），電動式おもちゃ，その他の電動力応用遊戯器具（電気乗物，その他の電動力応用遊戯器具）	
8.	【電子応用機械器具】（1品目）	
	高周波脱毛器	

9．【その他の交流用電気機械器具】（4品目）
　磁気治療器，電撃殺虫器，電気浴器用電源装置，直流電源装置

10．【携帯発電機】（1品目）
　携帯発電機

2. 特定電気用品以外の電気用品（旧乙種電気用品に相当）　合計　343品目

1．【電　　線】（8品目）※印は旧甲種電気用品から移行されたもの。
　◇蛍光灯電線（合成樹脂），◇ネオン電線（合成樹脂），◇ケーブル［導体の公称断面積が22mm²を超え，外装がゴム又は合成樹脂のもの］，◇溶接用ケーブル（ゴム又は合成樹脂のもの），電気温床線（ゴム又は合成樹脂のもの）

2．【電線管】（30品目）
　電線管（金属製の電線管，一種金属製可撓電線管，二種金属製可撓電線管，その他の可撓電線管，合成樹脂製電線管，合成樹脂製可撓管，CD管），フロアダクト（金属製），線樋（一種又は二種），電線管類の附属品（金属製のカップリング，金属製のノーマルベンド，金属製のエルボー，金属製のティ，金属製のクロス，金属製のキャップ，金属製のコネクター，金属製のボックス，金属製のブッシング，その他の電線管類又は可撓電線管の金属製の付属品，合成樹脂製等のカップリング，合成樹脂製等のノーマルベンド，合成樹脂製等のエルボー，合成樹脂製等のコネクター，合成樹脂製等のボックス，合成樹脂製等のブッシング，合成樹脂製等のキャップ，その他の電線管類又は可撓電線管の合成樹脂製等の附属品），ケーブル配線用スイッチボックス（金属製又は合成樹脂製のもの）

3．【ヒューズ】（2品目）※◇印は旧甲種電気用品から移行されたもの。
　◇筒形ヒューズ，◇栓形ヒューズ（旧称：せん形プラグヒューズ）

4．【配線器具】（16品目）※◇印は旧甲種電気用品から移行されたもの。
　◇リモートコントロールリレー，◇カットアウトスイッチ，◇カバー付きナイフスイッチ，◇分電盤ユニットスイッチ，◇電磁開閉器，◇ライティングダクト，◇ライティングダクトの附属品（ライティングダクト用のカップリング，ライティングダクト用のエルボー，ライティングダクト用のティ，ライティングダクト用のクロス，ライティングダクト用のフィードインボックス，ライティングダクト用のエンドキャップ），◇ライティングダクト用の接続器（ライティングダクト用のプラグ，ライティングダクト用のアダプター，その他のライティングダクトの附属品及びライティングダクト用接続器）

5．【変圧器・安定器】（8品目）※◇印は旧甲種電気用品から移行されたもの。
　◇ベル用変圧器，◇表示器用変圧器，◇リモートコントロールリレー用変圧器，◇ネオン変圧器，◇燃焼器具用変圧器，◇電圧調整器，◇ナトリウム灯用安定器，◇殺菌灯用安定器

6．【小形交流電動機】（6品目）※◇印は旧甲種電気用品から移行されたもの。
　単相電動機（反発始動誘導電動機，分相始動誘導電動機，コンデンサー始動誘導電動機，コンデンサー誘導電動機，整流子電動機，くま取りコイル誘導電動機，その他の単相電動機），◇かご形三相誘導電動機

7．【電熱器具】（74品目）※◇印は旧甲種電気用品から移行されたもの。
　電気足温器，電気スリッパ，電気ひざ掛け，電気座布団，電気カーペット，電気敷布，電気毛布，電気布団，電気あんか，電気いすカバー，電気暖房いす，電気こたつ，電気ストーブ，電気火鉢，その他の採暖用電熱器具，電気トースター，電気天火，電気魚焼き器，電気ロースター，電気レンジ，電気こんろ，電気ソーセージ焼き器，ワッフルア

イロン，電気たこ焼き器，電気ホットプレート，電気フライパン，電気がま，電気ジャー，電気なべ，電気フライヤー，電気卵ゆで器，電気保温盆，電気加温台，電気牛乳沸器，電気湯沸器，電気コーヒー沸器，電気茶沸器，電気酒かん器，電気湯せん器，電気蒸し器，電磁誘導加熱式調理器，その他の調理用電熱器具，ひげそり用湯沸器，電熱髪ごて，ヘアカーラー，毛髪加湿器，その他の理容用電熱器具，電熱ナイフ，電気溶解器，電気焼成炉，電気はんだごて，こて加熱器，その他の工作用又は工芸用の電熱器具，タオル蒸し器，電気消毒器（電熱装置），湿潤器，電気湯のし器，投込み湯沸器，電気瞬間湯沸器，現像恒温器，電熱ボード，電熱シート，電熱マット，電気乾燥器，電気プレス器，電気育苗器，電気ふ卵器，電気育すう器，電気アイロン，電気裁縫ごて，電気接着器，電気香炉，電気くん蒸殺虫器，◇電気温灸器

8．【電動力応用機械器具】 （136品目） ※◇印は旧甲種電気用品から移行されたもの．

ベルトコンベア，電気冷蔵庫，電気冷凍庫，電気製氷機，電気冷水機，空気圧縮機，電動ミシン（速度調整装置付又はその他のもの），電気ろくろ，電気鉛筆削機，電動かくはん機，電気はさみ，電気捕虫機，電気草刈機，電気刈込み機，電気芝刈機，電動脱穀機，電動もみすり機，電動わら打ち機，電動縄ない機，選卵機，洗卵機，園芸用電気耕土機，昆布加工機，するめ加工機，ジューサー，ジュースミキサー，フードミキサー，電気製めん機，電気もちつき機，コーヒーひき機，電気缶切機，電気肉切り機，電気パン切り機，電気かつお節削機，電気氷削機，電気洗米機，野菜洗浄機，電気食器洗い機，精米機，ほうじ茶機，包装機械（包装機械，おしぼり包装機），荷造機械，電気置時計，電気掛時計，自動印画定着器，自動印画水洗機，謄写機（液体式又はその他のもの），事務用印刷機，あて名印刷機，タイムレコーダー，タイムスタンプ，電動タイプライター，帳票分類機，文書細断機，電動裁断機，コレーター，紙とじ機，穴あけ機，番号機，チェックライター，硬貨計数機，紙幣計数機，ラベルタグ機械，ラミネーター，洗濯物仕上機械，洗濯物折畳み機械，おしぼり機械，自動販売機（特定電気用品を除く），両替機，理髪いす，電気歯ブラシ，電気ブラシ，毛髪乾燥機，電気かみそり，電気バリカン，電気つめ磨き機，その他の理容用電動力応用機械器具，扇風機，サーキュレーター，換気扇，送風機，電気冷房機，電気冷風機，電気除湿器，ファンコイルユニット，ファン付コンベクター，温風暖房機，電気温風機，電気加湿器，空気清浄器，電気除臭機，電気芳香拡散機，電気掃除機，電気レコードクリーナー，電気黒板ふきクリーナー，その他の電気吸じん機，電気床磨き機，電気靴磨き機，運動用具又は娯楽用具の洗浄機，電気洗濯機，電気脱水機，電気乾燥機，電気楽器，電気オルゴール，ベル，ブザー，チャイム，サイレン，電気グラインダー，電気ドリル，電気かんな，電気のこぎり，電気スクリュードライバー，その他の電動工具（電気サンダー，電気ポリッシャー，電気金切り盤，電気ハンドシャー，電気みぞ切り機，電気角のみ機，電気チューブクリーナー，電気スケーリングマシン，電気タッパー，電気ナットランナー，電気刃物研ぎ機，その他の電動工具），電気噴水機，電気噴霧器，電動式吸入器，◇家庭用電動力応用治療器（指圧代用器，その他の家庭用電動力応用治療器），電気遊戯盤，浴槽用電気温水循環浄水器（通称：24時間風呂）

9．【光源および光源応用機械器具】 （24品目）

写真焼付器，マイクロフィルムリーダー，スライド映写機，オーバーヘッド映写機，反射投影機，ビューワー，エレクトロニックスフラッシュ，写真引伸機，写真引伸機用ランプハウス，白熱電球，蛍光ランプ，電気スタンド，家庭用つり下げ型蛍光灯器具，ハンドランプ，庭園灯器具，装飾用電灯器具，その他の白熱電灯器具，その他の放電灯器具，広告灯，検卵器，電気消毒器（殺菌灯），家庭用光線治療器，充電式携帯電灯，複写機

10. 【電子応用機械器具】（25品目）※◇印は旧甲種電気用品から移行されたもの。
電子時計，電子式卓上計算機，電子式金銭登録機，電子冷蔵庫，インターホン，電子楽器，ラジオ受信機，テープレコーダー，レコードプレーヤー，ジュークボックス，その他の音響機器，ビデオテープレコーダー，消磁器，テレビジョン受信機，テレビジョン受信機用ブースター（同軸ケーブルのみを取付けるもの又はその他のもの），高周波ウエルダー，電子レンジ，超音波ねずみ駆除機，超音波加湿器，超音波洗浄機，電子応用遊戯器具，◇家庭用低周波治療器，◇家庭用超音波治療器，◇家庭用超短波治療器

11. 【その他の交流用電気機械器具】（13品目）※◇印は旧甲種電気用品から移行されたもの。
電灯付家具，コンセント付家具，その他の電気機械器具付家具，調光器，電気ペンシル，漏電検知器，防犯警報器，アーク溶接機，雑音防止器，医療用物質生成器，◇家庭用電位治療器，電気冷蔵庫（吸収式），◇電気さく用電源装置

5.3.3 違法電気用品の販売・使用の制限（第4章）

（販売の制限）

第27条　電気用品の製造，輸入又は販売の事業を行う者は，第10条第1項の表示が付されているものでなければ，電気用品を販売し，又は販売の目的で陳列してはならない。

　　（第2項省略）

（使用の制限）

第28条　電気事業法第2条第十号に規定する電気事業者，同法第38条第4項に規定する自家用電気工作物を設置する者又は電気工事士法第3条に規定する電気工事士は，第10条第1項の表示が付されているものでなければ，電気用品を電気事業法第2条第十四号に規定する電気工作物の設置又は変更の工事に使用してはならない。

2　電気用品を部品又は付属品として使用して製造する物品であって，政令で定めるものの製造の事業を行う者は，第10条第1項の表示が付されているものでなければ，電気用品をその製造に使用してはならない。

　　（第3項以下省略）

5.3.4 認定検査機関および承認検査機関（第5章）

旧電気用品取締法における「型式認可」の制度を廃止するとともに、「指定試験機関」を廃止し、特定電気用品の安全性については、第9条で規定した適合性検査を実施する検査機関として、経産大臣に申請して認定又は承認を受けた「**認定検査機関**」（国内の事業所で行う者に限る）又は「**承認検査機関**」（外国にある事業所で行う者に限る）を設けることにした（**第29条～第42条の四**）。なお、これら第三者検査機関は、公益法人に限らず民間企業の参入も可能とする制度になっている。

5.3.5 工業標準化法と電気用品のJIS表示

工業標準化法（昭24・法185）は、適正かつ合理的な工業標準の制定および普及により工業標準化を促進することによって、鉱工業品の品質の改善、生産能率の増進その他生産の合理化、取引の単純公正化および使用又は消費の合理化を図り、あわせて公共の福祉の増進に寄与することを**目的**（**第1条**）として公布され、その後現行法（平16・法95）に改正された。

その内容は、工業標準として主務大臣（電気用品の場合は経済産業大臣）は**日本工業規格**（Japanese Industrial Standards：**JIS**）の制定と**JIS適合性評価制度**の二つを実施することが規定されている。適合性評価制度には**試験事業者の評価制度（JNLA制度）**と**JISマーク表示制度**が規定されている。

（注）JISマークは、民間第三者認証機関（登録認証機関）による製品認証制度によるもので、制度対象は製品規格全てで、認証制度に適用できる規格は、性能、品質、試験方法が完備し、表示事項が明瞭であることが必要で、自己責任によるJISマーク表示（図5.2）が認められる。

マークが付せる者は、国内外の製造事業者、国内輸入業者、販売業者、輸出業者となっている。このように、JISマーク表示は、製品の購入者に対して性能、品質等を保証するという意味を持っている。

（マークの近傍に登録認証機関名を表示）

図 5.2　JISマーク（鉱工業品）

現在，電気関係のJISのうち，電気用品安全法で定めた品目と関連するものは，電線・ケーブル類（分類番号 C-30 台），電気機械器具（同 C-40 台），電子機器など（同 C-50 台，60 台），電球・放電灯など（同 C-70 台），照明器具・配線器具（同 C-80 台），電気応用機器（同 C-90 台）などがある。これら品目の規格には，絶縁抵抗，絶縁耐力，温度上昇，機械的・電気的強度，耐久性，材料・構造など製品の機能を維持するために必要な事項が規定されている。

また，JISマーク表示許可を受けている製造業者が，当該指定商品と同じ旧甲種電気用品の型式認可を受けている場合は，電気用品安全法施行規則第16条第3項の規定により，提出する試験用電気用品の数量は，JIS表示許可を受けない場合の5分の1に減ずるなどの特例が認められている。

5.4 建設・消防に関する法令

電気設備の保安に関する法令は，基本法としての**電気事業法**，これを工事する者の資格を定めた**電気工事士法**，電気工事業の業務の規制を行う**電気工事業法**，そこに使用される機器，材料を規制する**電気用品安全法**のほか，建設関係の電気設備の工事，維持，運用に関係の深い法令としてつぎのようなものが挙げられる。

（1） **建築基準法**（建築一般に関する基準を定めたもの）
（2） **建設業法**（電気工事業を含めた建設業全般の請負，契約に関する規制を行うもの）
（3） **消防法**（火災の予防，警戒，鎮圧全般に関して定めたもので，電気に関係した消防設備の工事，維持の規定が含まれる）

5.4.1 建築基準法および関係法令

建築基準法（制定 昭25・法201）は建築に関する基本法である。その内容は第1章 総則，第2章 建築物の敷地，構造及び建築設備，第3章 都市計画区域内の建築物の敷地，構造及び建築設備，第4章 建築協定，第5章 建築審査会，第6章 雑則，第7章 罰則　の全文102条からなっている。

(a) 目的および定義

(目　　的)
第1条　この法律は，建築物の敷地，構造，設備及び用途に関する最低の基準を定めて，国民の生命，健康及び財産の保護を図り，もって公共の福祉の増進に資することを目的とする。

(定　　義)
第2条　この法律において次の各号に掲げる用語の意義は，それぞれ当該各号に定めるところによる。
一　「**建築物**」　土地に定着する工作物のうち，屋根及び柱若しくは壁を有するもの，これに付属する門もしくはへい，観覧のための工作物又は地下若しくは高架の工作物内に設ける事務所，店舗，興行場，倉庫その他これらに類する施設（鉄道及び軌道の線路敷地内の運転保安に関する施設並びに跨線橋，プラットホームの上家，貯蔵槽その他これらに類する施設を除く。）をいい，建築設備を含むものとする。
二　「**特殊建築物**」　学校（各種学校を含む。以下同様とする。），体育館，病院，劇場，観覧場，集会場，展示場，百貨店，市場，舞踏場，遊戯場，公衆浴場，旅館，共同住宅，寄宿舎，下宿，工場，倉庫，自動車車庫，危険物の貯蔵場，と畜場，火葬場，汚物処理場その他これらに類する用途に供する建築物をいう。
三　「**建築設備**」　建築物に設ける電気，ガス，給水，排水，換気，暖房，冷房，消火，排煙若しくは汚物処理の設備又は煙突，昇降機若しくは避雷針をいう。

(以下省略)

(b) 建築の確認申請，検査，違反等に関する規定

(建築物の建築等に関する申請及び確認)

第 6 条　建築主は，第一号から第三号までに掲げる建築物を建築しようとする場合（増築しようとする場合においては，建築物が増築後において第一号から第三号までに掲げる規模のものとなる場合を含む。），これらの建築物の大規模の修繕若しくは大規模の模様替をしようとする場合又は第 4 号に掲げる建築物を建築しようとする場合においては，当該工事に着手する前に，その計画が当該建築物の敷地，構造及び建築設備に関する法律並びにこれに基づく命令及び条例の規定に適合するものであることについて，確認の申請書を提出して**建築主事**[†]の確認を受けなければならない（ただし書省略）。

一　学校，病院，診療所，劇場，映画館，演芸場，観覧場，公会堂，集会場，百貨店，マーケット，公衆浴場，ホテル，旅館，下宿，共同住宅，寄宿舎又は自動車車庫の用途に供する特殊建築物で，その用途に供する部分の床面積の合計が 100 平方メートルをこえるもの

二　木造の建築物で 3 以上の階数を有し，又は延べ面積が 500 平方メートルをこえるもの

三　木造以外の建築物で 2 以上の階数を有し，又は延べ面積が 200 平方メートルをこえるもの

（以下省略）

[†](注)　「建築主事」とは，都道府県もしくは人口 25 万以上の市に置かれる行政職で，建築士以上の知識を有した者のうち資格検定に合格した者が任命される（法第 4 条，第 5 条の規定）。

以下，**工事完了検査および違反に対する措置**についての条文の概要はつぎのとおりである。

工事完了後 4 日以内に届け出ること。係員は受理後 7 日以内に検査し，規定に適合しているときは検査済証を交付する。その後使用できる。（**第 7 条**）

建築物の所有者等はその敷地，構造，設備を適法な状態に維持すること。（**第 8 条**）

法令に違反する建築物に対して，行政庁は是正を命令できる。これに不服の場合は，公開の聴聞を請求できる。(**第9条**)

違反建築物の設計者,工事業者等は免許又は登録が取消される。(**第9条の3**)

昇降機，その他の建築設備で指定されたものの所有者は，施行規則の定めにより，定期的に，建築士または資格を有する者の検査を受け，報告すること[†]。(**第12条の2**)

 [†](注) 「資格を有する者」とは「**昇降機検査資格者**」または「**建築設備検査資格者**」をいう。

（c） 電気設備に関する規定

(電 気 設 備)

第 32 条 建築物の**電気設備**は，法律又はこれに基づく命令の規定で電気工作物に係る建築物の安全及び防火に関するものの定める工法によって設けなければならない[†1]。

(避 雷 設 備)

第 33 条 高さ20メートルをこえる建築物には，有効に**避雷設備**を設けなければならない。ただし，周囲の状況によって安全上支障がない場合においては，この限りでない[†2]。

(昇 降 機)

第 34 条 建築物に設ける**昇降機**は，安全な構造で，かつ，その昇降路の周壁及び開口部は，防火上支障がない構造でなければならない。

 2 高さ31メートルをこえる建築物（政令で定めるものを除く。）には，非常用の昇降機を設けなければならない[†3]。

 [†](注1) 「法律又はこれに基づく命令の規定で電気工作物に係る建築物の安全及び防火に関するもの」とは，電気事業法第39条，第57条の規定に基づく「**電気設備に関する技術基準を定める省令**」をいう。

 [†](注2) **避雷設備**は，雷撃から建物，人命を保護するために設けるもので，突針部，避雷導体，接地極からなっている。法令では，建築物ならびに煙突，

広告塔，昇降機，高架水槽等の工作物の高さ20 m をこえる部分に設置が義務づけられている（**法第88条，施行令第129条-14**）。また，危険物を取り扱う場所，火薬置場などもこれに準じている。

避雷設備には，**突針方式**（図5.3参照），**水平導体方式**（棟上〈むねあげ〉導体方式など），**ケージ方式**の3種類がある。避雷設備による保護範囲については，突針または水平導体の**保護角**が，一般建築物・工作物の場合は60度，危険物・火薬類などを取り扱う建築物の場合は45度と規定されている。また，水平導体で屋上部分を保護する場合は，水平導体の保護範囲に対して各部分からの水平距離は10 m 以内としている。

避雷針（棟上導体，ケージを含む）の構造は，JIS A 4201，建築物の雷保護，建設省告示1834号などによって定められている。（**施行令第129条-15**）

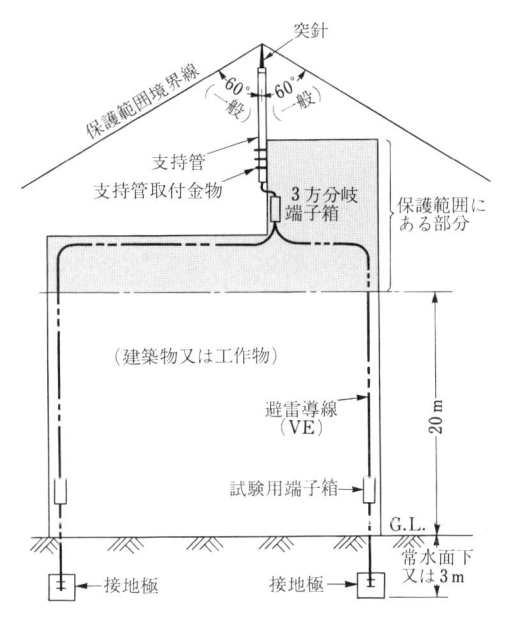

図 5.3 突針方式の避雷設備

†(注3) この法令で適用される「**昇降機**」とはエレベーター，エスカレーターおよび電動ダムウェーターをいい，特殊な用途，構造のものは除く（**施行令第129条の3**）。昇降機の構造，安全装置などについては施行令第129条の4～第129条の13に規定されている。

「非常用の昇降機」とはエレベーターをいい，災害時に外部からの援助が困難な高層部分に設置の義務を課している。（施行令第129条の13の2，第129条の13の3）

（d） 特殊建築物等の避難および消火に関する技術的基準

第35条 別表第1（い）欄（1）項から（4）項までに掲げる用途に供する特殊建築物，階数が3以上である建築物，政令で定める窓その他の開口部を有しない居室を有する建築物又は延べ面積（同一敷地内に2以上の建築物がある場合においては，その延べ面積の合計）が1000平方メートルをこえる建築物については，廊下，階段，出入口その他の避難施設，消火栓，スプリンクラー，貯水槽その他の消火設備，排煙設備，非常用の照明装置及び進入口並びに敷地内の避難上及び消火上必要な通路は，政令で定める技術的基準に従って，避難上及び消火上支障がないようにしなければならない。

（注1）「別表第1（い）欄（1）項～（4）項までに掲げる用途に供する特殊建築物」ならびに法第28条第1項に定められた「政令で定める建築物」はつぎのとおりである。（施行令第19条，第115条の2）
  (1) 劇場，映画館，演芸場，観覧場，公会堂，集会場
  (2) 病院，ホテル，旅館，下宿（寝室の部分は除く），共同住宅（住戸の部分は除く），寄宿舎（寝室の部分は除く），養老院，児童福祉施設（乳幼児院，保育所，児童厚生施設，精神薄弱児施設，盲ろうあ児施設，重症心身障害児施設，救護院，情緒障害児短期治療施設），助産所，身体障害者援護施設（補装具製作施設，点字図書館および点字出版施設は除く），保護施設（医療保護施設を除く），婦人保護施設，精神薄弱者援護施設，老人福祉施設，有料老人ホーム，母子保護施設
  (3) 博物館，美術館，図書館（学校の同一敷地内に存する独立した図書館で，学校施設としてだけ使用されることが明らかでないものも含む），ボウリング場（レーン部分は除く），スキー場，スケート場，水泳場，スポーツの練習場
  (4) 百貨店，マーケット，展示場，キャバレー，カフェー，ナイトクラ

ブ，バー，舞踏場，遊戯場，公衆浴場（蒸気浴場，熱気浴場を含む），待合，料理店，飲食店，物品販売業を営む店舗（床面積が $10 \mathrm{~m}^2$ 以上のものまたは店舗併用住宅で延べ面積が $200 \mathrm{~m}^2$ 以下で，店舗部分が全体の半分以下のものは除く）

(注2)　「排煙設備」の設置義務および電気に関する部分の構造基準（**施行令第126条の2，第126条の3**）

　　(1)　**設置義務**（概要）

設置義務のある建築物	設置義務免除部分および建築物
別表第1の(1)～(4)の特殊建築物で，$500 \mathrm{~m}^2$ 以上	階段部分，昇降機昇降部分，小規模倉庫，物入れ，書庫，洗面所，便所など
3階以上で，$500 \mathrm{~m}^2$ 以上	学校，体育館，その他不燃材構造の建物など
延べ面積 $1\,000 \mathrm{~m}^2$ をこえる建築物の $200 \mathrm{~m}^2$ をこえる居室	上と同じ
（開口部面積<1/50×床面積）の居室（無窓居室）	上と同じ

　　(2)　**構造基準**（概要）

　　　　（イ）　排煙口の面積が規定以下のときは排煙機を設置すること。
　　　　（ロ）　排煙機は自動的に作動し，規定の排出能力をもつこと。
　　　　（ハ）　電源を必要とする排煙設備には予備電源を設置すること。
　　　　（ニ）　高層建築物および地下街における排煙設備は監理室で遠隔制御できること。

(注3)　「非常用の照明装置」の設置義務および構造基本（**施行令第126条の4，第126条の5**）

　　(1)　**設置義務**（概要）

設置義務のある建築物	設置義務のある部分
別表第1の(1)～(4)の特殊建築物	① 居室（病室，丁宿の宿泊室，寄宿舎の寝室などは除く） ② 避難路となる廊下，階段，その他の通路（片側が外気に開放している所は除く） ③ その他①，②に類する部分で，廊下に接するロビー，通り抜け避難部分など （例外）　共同住宅のそれぞれの住戸内は，居室，その他とも免除 1階の居室で屋外出口まで30m以内および直上階で出口まで20m以内で避難支障のない場合は免除
3階以上で，$500 \mathrm{~m}^2$ をこえるもの（1戸建住宅，学校，体育館を除く）	
$1\,000 \mathrm{~m}^2$ 以上をこえるもの（除外例同上）	
$\left(\text{有効開口面積} < \frac{1}{20} \times \text{床面積}\right)$ の居室のある建築物（除外例同上）	

(2) **構造基準**（概要）
　　(イ)　照明は，直接照明とし，床面で1 lx以上の照度を確保すること。
　　(ロ)　照明器具の主要部分は不燃材で造り，または覆うこと。
　　(ハ)　予備電源を設置すること（これには自動充電装置を備えた蓄電池が用いられる）。

(e) **給水，排水その他の配管設備の設置および構造基準**　施行令第129条の2においては，配管設備の基準が定められているが，この基準は電線管の配管，空調関係配管（ダクトを含む）などにも適用される。このうち電気配線に関係した部分を挙げるとつぎのとおりである。

(1) コンクリートへの埋設など腐食のおそれのある場合には，材質に応じた腐食防止措置をとること。
(2) 構造耐力上，支障を生ずるような貫通配置をしないこと。
(3) エレベータの昇降路内には配管しないこと。
(4) 防火区画，防火壁，その他これに類する部分を貫通する配管は，貫通部分とこれらの壁などの両側1m以内の部分を不燃材料で造ること。

5.4.2　建設業法および関係法令

建設業法（制定　昭和24・法100）は建設業について許可制を設け，施行技術の確保についての施策，請負契約における一般原則を規定した法律である。その内容は，第1章 総則，第2章 建設業の許可，第3章 建設工事の請負契約，第3章の2 建設工事の請負契約に関する紛争の処理，第4章 施工技術の確保，第4章の2 建設業者の経営に関する事項の審査，第4章の3 建設業者団体，第5章 監督，第6章 中央建設業審議会及び都道府県建設業審議会，第7章 雑則，第8章 罰則　の全文49条からなっている。

(a)　**目的および定義**

(目　　的)
第1条　この法律は，建設業を営む者の資質の向上，建設工事の請負契約の適正化等を図ることによって，建設工事の適正な施工を確保し，発注者を保護するとともに，建設業の健全な発達を促進し，もって公共の

（定　　義）

第 2 条　この法律において「**建設工事**」とは，土木建築に関する工事で別表の上欄に掲げるものをいう[†]。

2　この法律において「**建設業**」とは，元請，下請その他いかなる名義をもってするかを問わず，建設工事の完成を請け負う営業をいう。

3　この法律において「**建設業者**」とは，第 3 条第 1 項の許可を受けて建設業を営む者をいう。

4　この法律において「**下請契約**」とは，建設工事を他の者から請け負った建設業を営む者と他の建設業を営む者との間で当該建設工事の全部又は一部について締結される請負契約をいう。

5　この法律において「**発注者**」とは，建設工事（他の者から請け負ったものを除く。）の注文者をいい，「**元請負人**」とは，下請契約における注文者で建設業者であるものをいい，「**下請負人**」とは，下請契約における請負人をいう。

[†](注)　法第 2 条第 1 項に規定した別表はつぎのとおりである。

土木一式工事	土木工事業	しゅんせつ工事	しゅんせつ工事業
建築一式工事	建築工事業	板金工事	板金工事業
大工工事	大工工事業	ガラス工事	ガラス工事業
左官工事	左官工事業	塗装工事	塗装工事業
とび・土工コンクリート工事	とび・土工工事業	防水工事	防水工事業
石工事	石工事業	内装仕上工事	内装仕上工事業
屋根工事	屋根工事業	機械器具設置工事	機械器具設置工事業
電気工事	電気工事業	熱絶縁工事	熱絶縁工事業
管工事	管工事業	電気通信工事	電気通信工事業
タイル・れんが・ブロック工事	タイル・れんが・ブロック工事業	造園工事	造園工事業
鋼構造物工事	鋼構造物工事業	さく井工事	さく井工事業
鉄筋工事	鉄筋工事業	建具工事	建具工事業
舗装工事	舗装工事業	水道施設工事	水道施設工事業
		消防施設工事	消防施設工事業
		清掃施設工事	清掃施設工事業

(b) 建設業の許可

> 第3条　建設業を営もうとする者は，次に掲げる区分により，この章で定めるところにより，2以上の都道府県の区域内に営業所（中略）を設けて営業しようとする場合にあっては国土交通大臣の，1の都道府県の区域内にのみ営業所を設けて営業しようとする場合にあっては当該営業所の所在地を管轄する都道府県知事の許可を受けなければならない。ただし，政令で定める**軽微な建設工事**のみを請負うことを営業とする者は，この限りではない。
>
> 一　建設業を営もうとする者であって，次号に掲げる者以外のもの†
>
> 二　建設業を営もうとする者であって，その営業にあたって，その者が発注者から直接請け負う1件の建設工事につき，その工事の全部又は一部を，下請代金の額（中略）が政令で定める金額以上となる下請契約を締結して施工しようとするもの†
>
> 2　前項の許可は，別表の上欄に掲げる建設工事の種類ごとにそれぞれ同表の下欄に掲げる建設業に分けて与えるものとする。
>
> 3　（要約）第1項の許可は，5年ごとに更新を受けなければならない。
> （以下省略）

†(注)　第一号の建設業を**一般建設業**，第二号の建設業を**特定建設業**といい，政令で定める金額は3 000万円以上（建築工事業では4 500万円以上）とする。ただし書の「**政令で定める軽微な工事**」とは，施行令第1条の2，第1項で「1件の請負代金が建築一式工事では1 500万円未満，または延べ面積150 m²未満，その他の建設工事では500万円未満」をいう。

(c) **請負契約に関する規定**(概要)　請負契約は当事者が公正に締結し，契約書を取り交し，信義に従って誠実にこれを履行しなければならない（**第18条，第19条**）。発注者は，自己の地位を利用して値引き，資材購入先の指定などをしてはならない。元請負人は下請負人に対して，出来高相応の代金および着手費用は遅滞なく支払うこと並びに，工事完成後は速やかに検査を行

い，引渡しを受け，下請代金は法の規定に従って遅滞なく支払わねばならない。(第19条の3～第24条の5)

（d） **施工技術の確保と関連資格**　建設業者は，請け負った当該工事現場に施工技術を管理する**主任技術者**を置かなくてはならない。また，特定建設業者が元請の立場で一定規模以上の工事を請け負った場合は，施工技術を管理する**監理技術者**も置かなくてはならない。(第26条)

国土交通大臣は，施工技術の向上を図るため，建設機械施工のほか，土木，建築，管工事，造園，電気工事の各施工管理の技術検定を行い，合格者に技士の称号を与える（第27条，施行令第27条の2～11)。このうち，**電気工事施工管理技士（一級および二級）**の検定内容は「電気工事の実施に当たり，その施工計画及び施工図の作成並びに当該工事の工程管理，品質管理，安全管理工事の施工の管理を適確に行うために必要な技術」となっている。検定の方法は，学科試験と実地試験が行われる。受験資格は，学歴並びにこれと同等以上（電気主任技術者，電気工事士等）および実務経験のある者[†]となっている。(施行令第27条の2～10)

> †(注)　学歴と実務経験の最低年数（指導監督的なもの1年以上を含む）はつぎのとおりである。(施行令第27条の4)
> 　　**一級**は，大学卒業後3年，短大・高専卒業後5年，2級合格後5年。
> 　　**二級**は，大学卒業後1年，短大・高専卒業後2年，高校卒業後3年，上記以外の者8年。

なお，国土交通大臣が定めた資格を有している者には，学科試験または実地試験の全部または一部が免除される。(施行令第27条の6)

5.4.3　消防法および関係法令

消防法（制定　昭23・法186）は，火災の予防，消火などに関する必要な事項を規定した基本法である。その内容は，第1章 総則，第2章 火災の予防，第3章 危険物，第4章 消防の設備，第4章の2 消防用機械器具の検定，第5章 火災の警戒，第6章 消火の活動，第7章 火災の調査，第7章の2 救急業務，第8章 雑則，第9章 罰則　の全文46条からなっている。

(a) 目的および用語の意義

(目　　的)
第 1 条　この法律は，火災を予防し，警戒し及び鎮圧し，国民の生命，身体及び財産を火災から保護するとともに，火災又は地震等の災害に因る被害を軽減し，もって安寧秩序を保持し，社会公共の福祉の増進に資することを目的とする。

(意　　義)
第 2 条　この法律の用語は下の例による。
2　**防火対象物**とは，山林又は舟車，船きょ若しくはふ頭に繋留された船舶，建築物その他の工作物若しくはこれらに属する物をいう。
3　**消防対象物**とは，山林又は舟車，船きょ若しくはふ頭に繋留された船舶，建築物その他の工作物又は物件をいう。
(以下省略)

(b) 消防用設備等の設置維持義務の規定

第 17 条　学校，病院，工場，事業場，興行場，百貨店，旅館，飲食店，地下街，複合用途防火対象物その他の**防火対象物で政令で定めるもの**[†1]の関係者は，政令で定める技術上の基準に従って，政令で定める消防の用に供する設備[†2]，消防用水[†3]及び消火活動上必要な施設[†4] (以下「**消防用設備等**」という。) を設置し，及び維持しなければならない。
2　市町村は，その地方の気候又は風土の特殊性により，前項の消防用設備等の技術上の基準に関する政令又はこれに基づく命令の規定のみによっては防火の目的を充分に達し難いと認めるときは，条例で，同項の消防用設備等の技術等の基準に関して，当該政令又はこれに基づく命令の規定と異なる規定を設けることができる。
第 17 条の 2（要約）　特定防火対象物の場合は，既存の建物にも前条が

適用される。

†(注1) 「政令で定める防火対象物」とは施行令第6条によると「別表 第1に掲げる防火対象物」をいい，表5.2の中の防火対象物のほか，延長50 m以上のアーケード，市町村長の指定する山林，総務省令で定める舟車がある。

†(注2) 「政令で定める消防の用に供する設備」とは，施行令第7条によると「消火設備，警報設備，避難設備」があり，これらの内容はつぎのとおりである。

（1） 消火設備の種類（施行令第7条第2項）

水，その他消火剤を使用して消火を行う機械器具または設備で，つぎに掲げるもの

（一） 消火器およびつぎに掲げる簡易消火用具（イ　水バケツ，ロ　水槽，ハ　乾燥砂），（二） 屋内消火栓設備，（三） スプリンクラー設備，（四） 水噴霧消火設備，（五） 泡消火設備，（六） 二酸化炭素消火設備，（七） ハロゲン化物消火設備，（八） 粉末消火設備，（九） 屋外消火栓設備，（十） 動力消防ポンプ設備

（2） 警報設備の種類（施行令第7条第3項）

火災の発生を報知する機械器具または設備で，つぎに掲げるもの

（一） 自動火災報知設備，（二） 漏電火災警報器，（三） 消防機関へ通報する火災報知設備，（四） 警鐘，携帯用拡声器，手動式サイレンその他の非常警報器具およびつぎに掲げる非常警報設備（イ　非常ベル，ロ　自動式サイレン，ハ　放送設備）

（3） 避難設備の種類（施行令第7条第4項）

火災が発生した場合において避難するために用いる機械器具または設備で，つぎに掲げるもの

（一） すべり台，避難はしご，救助袋，緩降機，避難橋その他の避難器具，（二） 誘導灯および誘導標識

†(注3) 「政令で定める消防用水」とは施行令第7条第5項によると「防火水槽又はこれに代る貯水池その他の用水」をいう。

†(注4) 「政令で定める消火活動上必要な施設」は施行令第7条第6項によると「排煙設備，連結散水設備，連結送水管，非常コンセント設備及び無線通信補助設備」をいう。

「政令で定める技術上の基準」のうち「電気に関係した消防設備等の設置義務および技術上の基準」は表5.2（p.96〜97）のとおりである。

表 5.2 電気に関係した消防

防火対象物の種類	消防用設備等の種別 施行令適用条項 機械器具・設備・場所 施行令第6条			警報 第21条 自動火災報知設備				第22条 漏電火災警報器	
				一般	その他	(注1)	(注2)	一般	その他
(1)	イ	劇場，映画館，演芸場，観覧場		延べ面積 300 m² 以上	施行令別表第2の数量の500倍以上の「準危険物」，同別表第3の数量の500倍以上の「特殊可燃物」を貯蔵，取扱う箇所	建築物の地階，無窓階，3階以上で床面積300 m²以上の階	防火対象物の地階，または2階以上の階の駐車場で床面積200 m²以上	防火対象物の通信機器室で床面積500 m²以上	延べ面積500 m²で，該当項目の防火対象物床面積の合計が300 m²以上	(1)～(15)の防火対象物の用途の場合は当該各項を適用	延べ面積 300 m² 以上	当該建築物の契約電流容量が50 A以上 (注3)
	ロ	公会堂，集会場							
(2)	イ	キャバレー，ナイトクラブの類							
	ロ	遊戯場，ダンスホール							
	ハ	風俗営業の店，ニ・カラオケの店舗							
(3)	イ	待合，料理店の類							
	ロ	飲食店							
(4)		百貨店，マーケット，物品販売業の類							
(5)	イ	旅館，ホテル，宿泊所		300				150	
	ロ	寄宿舎，下宿，共同住宅		500					
(6)	イ	病院，診療所，助産所							
	ロ	老人福祉施設，有料老人ホーム，救護施設，更生施設，児童福祉施設，身体障害者更生援護施設，精神薄弱者援護施設		300				300	
	ハ	幼稚園，盲学校，聾学校，養護学校							
(7)		小学校，中学校，高等学校，高等専門学校，大学，各種学校の類		500				500	
(8)		図書館，博物館，美術館の類							
(9)	イ	蒸気浴場，熱気浴場の類		200				150	
	ロ	上記以外の公衆浴場		500					
(10)		車両の停車場，船舶または航空機の発着場（旅客用）		500				500	
(11)		神社，寺院，教会の類		1 000					
(12)	イ	工場，作業場		500				500	
	ロ	映画スタジオ，テレビスタジオ							
(13)	イ	自動車車庫，駐車場		500					
	ロ	飛行機または回転翼航空機の格納庫		全部					
(14)		倉庫		500				1 000	
(15)		前各項に該当しない事業場		1 000				1 000	50 A
(16)	イ	上記 (1)～(4)，(5) 項イ，(6)，(9) 項イをもつ複合用途防火対象物		（注1）				（注1）に同じ	（注3）に同じ
	ロ	上記以外の複合用途防火対象物		（注2）				（注2）に同じ	
(16-2)		地下街		300				300	
(16-3)		準地下街		（注1）					
(17)		重要文化財，重要民族資料，史跡，重要美術品等の建造物		全部				全部	
(18)		アーケード，(19) 山林，(20) 舟車		省略					

5.4 建設・消防に関する法令

施設等の設置

設　備				避難設備			消火活動上必要な施設	
第23条	第24条			第26条			第28条	第29条の2
消防機関へ通報する火災報知設備	非常警報器具または非常警報設備			誘導灯・誘導標識			排煙設備	非常コンセント設備
	非常警報器具	非常ベル，自動式サイレン，放送設備のうち1種	非常ベルと放送設備または自動式サイレンと放送設備	避難口誘導灯および通路誘導灯	客席誘導灯	誘導標識		
延べ面積 500 m² 以上		収容人員50人以上のもの，または地階および無窓階の収容人員が20人以上のもの（注4）	収容人員300人以上のもの（注5）	地階を除く階数が11以上のものまたは地階の階数が3以上のもの	全部	全部	舞台部床面積 200 m² 以上	階数が11以上の階，または5階建以上で延べ面積600 m²以上の建物の地階
1 000							地階または無窓階床面積 1 000 m² 以上	
500	収容人員20〜49人						(2)項に同じ	
1 000		注4に同じ	(注6)に同じ	(注5)に同じ				
500	(4)項に同じ	(5)項イに同じ				全	全　部	
		（注4）に同じ	(注5)に同じ					
			収容人員 800人以上 (注6)	(注7)に同じ				
1 000	(4)項に同じ	(5)項イに同じ	(注5)に同じ	全　部		部	(2)項に同じ	
500	(4)項に同じ			地階・無窓階または11階以上の部分(注7)			(2)項に同じ	
1 000		（注4）に同じ						
			収容人員 500人以上	全　部	※			
				(注7)に同じ				
全　部			全　部	全　部	※		1 000 m² 以上	1 000 m² 以上
500								

※(注8)　防火対象物(1)項の用途に供されるもの

表 5.2 の†(注5)～†(注7)の内容はつぎのとおりである。

†(注5) ① 警戒区域は各階ごとにする。(例外規定→自治省令)
② ①の警戒区域の面積は 600 m²(見とおせるときは 1 000 m²)以下,1 辺の長さ 50 m 以下
③ 感知器の設置は施行規則第 23 条,設置,維持に関する基準の細目は第 24 条,第 24 条の 2 に規定
④ 規定動作のスプリンクラーヘッドを備えた消火設備を設置したときは感知器の設置免除
⑤ 非常電源を付置

†(注6) ① 間柱,根太,天井野縁あるいはそれらの下地を可燃材料で造った鉄網入りの壁,床,天井を有する建築物に設置
② 設置,維持に関する基準の細目は施行規則第 24 の 3 第 3 項に規定

†(注7) ① 消防機関に遠距離または至近距離(500 m 以下)の場合および電話を設置した場合は設置免除
② 設置,維持に関する基準細目は施行規則第 25 条第 2 項に規定

(c) 消防設備士に関する規定

(消防設備士の業務独占)

第 17 条の 5 消防設備士免状の交付を受けていない者は第 10 条第 4 項の技術上の基準若しくは設備等技術基準に従って設置しなければならない消防用設備等の当該設置に係る工事又は当該消防設備等の整備のうち,政令で定めるものを行ってはならない†1。

(消防設備士免状の種類)

第 17 条の 6 消防設備士免状の種類は,**甲種消防設備士免状及び乙種消防設備士免状**とする。

2 甲種消防設備士免状の交付を受けている者(以下「**甲種消防設備士**」という。)が行うことができる工事又は整備の種類及び乙種消防設備士免状の交付を受けている者(以下「**乙種消防設備士**」という。)が行うことができる整備の種類は,これらの消防設備士免状の種類に応じて命令で定める†2。

（消防設備士免状の交付資格）

第 17 条の 7　消防設備士免状は，都道府県知事が行う消防設備士試験に合格した者に対し，都道府県知事が交付する。

2　第 13 条の 2 第 4 項から第 6 項までの規定は，消防設備士免状について準用する。

（消防設備士の試験）

第 17 条の 8　消防設備士試験は，消防用設備等の設置及び維持に関して必要な知識及び技能について行う。

2　消防設備士試験の種類は，甲種消防設備士試験及び乙種消防設備士試験とする。

3　次の各号の一に該当する者でなければ，甲種消防設備士試験を受けることができない。

　一　学校教育法による高等学校又は旧中等学校令（昭和 18 年勅令第 36 号）による中等学校において機械，電気，工業化学又は建築に関する学科を修めて卒業した者

　二　乙種消防設備士免状の交付を受けた後 2 年以上消防用設備等の整備（第 17 条の 5 の規定に基づく政令で定めるものに限る）の経験を有する者

　三　命令で定めるところにより，都道府県知事が前各号に掲げる者と同等以上の知識及び技能を有すると認定した者

4　前 3 項に定めるもののほか，消防設備士試験の試験科目，受験手続その他の試験の実施細目は，命令で定める[†3]。

第 17 条の 8 の 2　消防設備士は，自治省令で定めるところにより，都道府県知事が行う消防用設備等の工事又は整備に関する講習を受けなければならない[†4]。

---

† **(注 1)**　「政令で定めるもの」とは施行令第 36 条の 2 で定める「設備等に係る工事」で施行令第 7 条に掲げる設備などのうちつぎのものをいう。

第2項の一（消火器のみ），および二〜九までの各号，第3項の一〜三の各号，第4項の一（金属製避難はしご，救助袋，緩降機のみ）

†**(注2)**　「命令で定める消防設備士が行うことのできる工事または整備の種類」は，施行規則第33条の3の規定によりつぎの表の指定区分に従う。

消防設備士が行うことができる工事または整備の分類

指定区分		消防用設備等または特殊消防用設備等の種類
甲種	特類	特殊消防用設備等
甲種または乙種	第1類	屋内消火栓設備，スプリンクラー設備，水噴霧消火設備，屋外消火栓設備，パッケージ型消火設備，パッケージ型自動消火設備，共同住宅用スプリンクラー設備
	第2類	泡消火設備，パッケージ型消火設備，パッケージ型自動消化設備，特定駐車場用泡消火設備
	第3類	不活性ガス消火設備，ハロゲン化物消火設備，粉末消火設備，パッケージ型消火設備，パッケージ型自動消火設備
	第4類	自動火災報知設備，ガス漏れ火災報知設備，消防機関へ通報する火災報知設備，共同住宅用自動火災報知設備，住戸用自動火災報知設備
	第5類	金属製避難はしご，救助袋，緩降機
乙種	第6類	消火器
	第7類	漏電火災警報器

†**(注3)**　(1)　「実施細目」のうち「**試験の方法**」は施行規則第33条の8において「指定区分ごとに筆記試験及び実技試験の方法により行う」と定めている。

(1-2)　甲種特類消防設備士試験の受験資格は，同欄・指定区分第1類から第3類までのいずれか，第4類及び第5類の指定区分に係る免状取得者とする。（**施行規則第33条の8**）

(2)　「**筆記試験の科目**」は施行規則第33条の9においてつぎのように定めている。

　　一．機械又は電気に関する基礎的知識，二．消防用設備等の構造，機能および工事又は整備の方法，三．消防関係法令

(3)　「筆記試験の一部免除」は電気に関する部門（**第4類**）について上記の科目中免除される部分はつぎのように定めている。（**第33条の9の第2項〜第5項**）

イ．大学，高等専門学校の電気の学科を卒業した者……第一号
ロ．電気工事士及び電気主任技術者（第1種～第3種）……第一号，第二号電気に関する部分

(4) 「**実技試験**」は施行規則第33条の10においてつぎのように定めている。
　　(1) 筆記試験の合格者に行う，(2) 電気工事士免状取得者は電気に関する試験は免除する。

†(注4)　省令で定められた講習を受ける時期はつぎのとおりである。
　　(1) 免状の交付を受けた日から2年以内（**施行規則第33条の15，第1項**）
　　(2) 講習を受けた日から5年以内（**施行規則第33条の15，第2項**）

(d) 消防設備士の責務および義務

消防設備士に科せられた責務，義務についてはつぎのように規定されている。

(1) 業務を誠実に行い，消防用設備士等の質の向上に務めなくてはならない。（**第17条の10**）

(2) 業務に従事するときは，免状を携帯すること。（**第17条の11**）

(3) 消防用設備の工事着手の10日前までにその内容を消防長等に届け出ること。（**第17条の12**）

第6章　電気設備に関する技術基準

　電気設備の保安に関しては，電気事業法第39条第1項において事業用電気工作物，第56条第1項において一般用電気工作物がそれぞれ技術基準に適合すべきことを規定している。またこの技術基準の基本原則も第39条第2項に明記されている。

　電気設備に関する技術基準（略称　電気設備技術基準または電技）は昭和40年に電気事業法の規定に基づく経済産業省令として公布・施行され，電気工作物の設計・工事・維持にあたる電気主任技術者や電気工事士が遵守すべき基準として，また，電気工作物にかかわる国の審査・検査の基準として定められており，電気保安の柱となるものである。

　その後，電気設備技術基準は技術の進歩，材料・機器の性能の向上と社会情勢の変遷などにより逐次改正されてきた。平成7年に電気事業法が大幅に改正され，行政官庁による保安規制の合理化が図られ，電気工作物においては自己責任原則を重視した自主保安の体系を整備するようになった。これに伴って電気設備技術基準も全面改正して，平成9年3月に公布（平9・通61）され，同年6月から施行された。

　改正の概要は，保安実績および技術進歩の動向を考慮し，電気工作物の保安上支障のない条項を整理削減し，基準を簡素化した（全文285条を全文78条に整理・統合）。また，条文の中で具体的な手段・方法を規定せず，必要な性能のみで基準を定める機能性基準化を行った[†]。

　改正した技術基準ではいかなる規格の資材・機材や施工方法が技術基準を満たすかを判断することが困難となるおそれがあることから，具体的な材料の規格，数値，計算式などを記載した「**電気設備の技術基準の解釈について**」（略称　解釈）が定められ平成9年5月に公表された。

†(注) 性能規定の原則のうち，**第58条**（低圧の電路の絶縁性能）は数値を記載した唯一例外の条文となっている。

6.1 電気設備技術基準の概要

電気設備技術基準（平9・通52）の内容は，基本的事項，供給側の施設，電気使用側の施設の3章から構成されている。また，技術基準が機能性化したことにより電気工作物を設置しようとする者が，技術基準の定める保安性能を確保しうる範囲内で，外国の規定や民間規定などにより電気工作物を設置することが可能となった。なお，「改正電技」の施行により「旧電技」の告示は廃止され，それらの内容はおおむね「解釈」の中に包含されるようになった。

6.1.1 総　　則（第1章 第1条～第19条）

この章では，電気設備が具備すべき基本的事項を定めている。その項目の概要はつぎのとおりである。

第1節 定義（用語の定義，電圧の種別等），第2節 適用除外

第3節 保安原則（感電，火災等の防止，異常の予防及び保護対策，電気的，磁気的障害の防止，供給支障の防止），第4節 公害等の防止

6.1.2 電気の供給のための電気設備の施設（第2章 第20条～第55条）

この章では，発電所，変電所，開閉所，電線路，電気鉄道などについての施設基準を定めている。その項目の概要はつぎのとおりである。

第1節 感電，火災等の防止，第2節 他の電線，他の工作物等への危険の防止，第3節 支持物の倒壊による危険の防止，第4節 高圧ガス等による危険の防止，第5節 危険な施設の禁止，第6節 電気的，磁気的障害の防止，第7節 供給支障の防止，第8節 電気鉄道に電気を供給するための電気設備の施設

6.1.3 電気使用場所の施設（第3章 第56条〜第78条）

この章では，電気使用場所の施設基準を定めている。その項目の概要はつぎのとおりである。

第1節 感電，火災等の防止，第2節 他の配線，他の工作物等への危険の防止，第3節 異常時の保護対策，第4節 電気的，磁気的障害の防止，第5節 特殊場所における施設制限，第6節 特殊機器の施設

6.2 電気設備技術基準の解釈

6.2.1 解釈の法的関与

「改正電技」は機能性化された規定が基本となっており，技術基準に対する適合性についての客観性や，保安水準などの具体的な判断が困難となるおそれがあることから，適合性に関する行政官庁の判断基準として「解釈」が定められ，この「解釈」の各条項に適合していれば技術基準に適合するものとされている。ただし，設置者が技術基準の内容に照らして十分な保安水準の確保が達成できる場合は，解釈によらなくても設置者の自主的判断で設置することが可能となった。

このことについて，「解釈」にはつぎのような**前書**が付けられている。「この電気設備の技術基準の解釈は，当該設備に関する技術基準を定める省令に定める技術的要件を満たすべき技術的内容をできる限り具体的に示したものである。なお，当該省令に定める技術的要件を満たすべき技術的内容はこの解釈に限定されるものでなく，当該省令に照らして十分な保安水準の確保が達成できる技術的根拠があれば，当該省令に適合するものと判断するものである。」

6.2.2 解釈の概要

解釈は「旧電技及びその告示」を一括した形式で，その構成も基本的に踏襲しており，保安に対する技術的判断基準は，新技術，国際化への対応，使用されない技術・機器の規定削除などの改正が行われたが，多くの箇所で旧電技の

規定を継続している。この解釈において旧電技から改正されたおもな項目と条文例（＊印）はつぎのとおりである。

（**1**）　解釈は判断基準となるため，「〜でなければならない。」という強制的な表現を改め「〜であること。」に変更した。

（**2**）　低圧電路の絶縁性能を確認する方法を追加した。

＊　解釈第14条（電路の絶縁抵抗及び絶縁耐力）　使用電圧が低圧の電路であって，絶縁抵抗測定が困難な場合には，省令第58条に掲げる表の左欄に掲げる電路の使用電圧の区分に応じそれぞれ漏れ電流を1mA以下に保つこと。

（**3**）　使用されない電気設備で，今後使用される見込みのないものを削除した。

（**4**）　電線の材質・構造などの基準は，技術革新による新たな材料などの使用を阻害することが考えられるため性能基準を併記した。

（**5**）　IEC規格などの国際規格を可能な範囲で取り入れて追加した。

（**6**）　条文内容を統合・分離して法令運用の利便性を図った。

（**7**）　種別名称および用語を変更した。

＊　解釈第19条（接地工事の種類）において，旧電技第18条における，第1種接地工事→A種接地工事，第2種接地工事→B種接地工事，第3種接地工事→D種接地工事，特別第3種接地工事→C種接地工事　に変更。

（**8**）　単位をSI単位（国際単位系）に変更した。

＊　解釈第20条その他において「力の強さ」kg→kN（キロニュートン）

＊　解釈第57条その他において「圧力」kg/mm^2→Pa（パスカル）

第7章　計量法および関係法令

7.1　現行計量法成立の経緯

　電気の計測に関する行政は，明治43年に電気測定法が制定され，電気に関する計量単位，取引用計器の検定，公差などについて規制されてきた。一方，長さ計，はかりなどの一般の計量器については**度量衡法**によって規制されてきたが，昭和26年，これに代わる**計量法**が制定された。

　その後，「計量行政審議会」（通商産業大臣諮問機関，昭38・発足）によって計量に関する法制の一元化について審議され，この審議会の答申（昭40）に基づき**計量法の一部を改正する法律**（昭41・法112）が制定公布され，電気測定法を廃止し，従来の計量法の中に電気関係の単位ならびに計量器規制などを盛り込んだ法形態となった。

　平成4（1992）年に，計量単位を国際単位系（SI）に整合するとともに，計量器規制の緩和などを骨子とした現行の計量法（平4・法51）に改正された。

7.2　目的および定義

（目　　的）
第1条　この法律は，計量の基準を定め，適正な計量の実施を確保し，もって経済の発展及び文化の向上に寄与することを目的とする。
（定　義　等）

第 2 条 この法律において「**計量**」とは，次に掲げるもの（以下「物象の状態の量」という。）を計ることをいい，「**計量単位**」とは，計量の基準となるものをいう。

一 長さ，質量，時間，電流，温度，物質量，光度，角度，立体角，面積，体積，角速度，角加速度，速さ，加速度，周波数，回転速度，波数，密度，力，力のモーメント，圧力，応力，粘度，動粘度，仕事，工率，質量流量，流量，熱量，熱伝導率，比熱容量，エントロピー，電気量，電界の強さ，電圧，起電力，静電容量，磁界の強さ，起磁力，磁束密度，磁束，インダクタンス，電気抵抗，電気のコンダクタンス，インピーダンス，電力，無効電力，皮相電力，電力量，無効電力量，皮相電力量，電磁波の減衰量，電磁波の電力密度，放射強度，光束，輝度，照度，音響パワー，音圧レベル，振動加速度レベル，濃度，中性子放出率，放射能，吸収線量，吸収線量率，カーマ，カーマ率，照射線量，照射線量率，線量当量又は線量当量率

二 繊度，比重その他の政令で定めるもの

2 この法律において「**取引**」とは，有償であると無償であるとを問わず，物又は役務の給付を目的とする業務上の行為をいい，「**証明**」とは，公に又は業務上他人に一定の事実が真実である旨を表明することをいう。

3 車両・船舶の運行，危険物取扱いに関し，人命，財産に対する危険防止のためにする計量で政令で定めるものは，証明用とみなす。（要旨）

4 この法律において「**計量器**」とは，計量をするための器具，機械又は装置をいい，「**特定計量器**」とは，取引若しくは証明における計量に使用され，又は主として一般消費者の生活の用に供される計量器のうち，適正な計量の実施を確保するためにその構造又は器差に係る基準を定める必要があるものとして政令で定めるものをいう。

（第 5 項以下省略）

法第2条第4項で定義した「特定計量器」の品目は，施行令第2条でつぎのように定めている。

一 タクシーメーター，二 質量計（はかり，おもりなど），三 温度計，四 皮革面積計，五 体積計，六 流速計，七 密度浮ひょう，八 アネロイド圧力計，九 流量計，十 熱量計，十一 最大需要電力計，十二 電力量計，十三 無効電力量計，十四 照度計，十五 騒音計，十六 振動レベル計，十七 濃度計，十八 浮ひょう型比重計

7.3 計 量 単 位

計量法では，物象の状態の量についての計量単位は，「国際単位系に係る計量単位」（第3条）と「その他の計量単位」（第4条）を別表で定めている。また，計量単位の定義は計量単位令（以下「単位令」という）第2条，別表第1で定めている。また，単位令では「10の整数乗を乗じたものを表す計量単位」（別表第4）並びに「接頭語（例えば毎平方，毎立方，カンデラ毎平方など）を付した単位」（別表第5）を定めている。その他「特殊の計量に用いる計量単位」（第5条，別表第6）と「ヤードポンド法による計量単位」（第8条，別表第7）を定めている。下記の別表は，計量法関係法令における計量単位のうち電気工学と係わりのある単位を挙げている。

別表 電気工学と係わりのある計量単位（法第3条，第4条及び政令第2条関係）

物象の状態の量	計量単位	物象の状態の量	計量単位
1 長 さ	メートル	8 角 度	ラジアン，度，秒，分
2 質 量	キログラム，グラム，トン	9 立 体 角	ステラジアン
		10 面 積	平方メートル
3 時 間	秒，分，時	11 体 積	立方メートル，リットル
4 電 流	アンペア		
5 温 度	ケルビンセルシウス度又は度	12 角 速 度	ラジアン毎秒
		13 角 加 速 度	ラジアン毎秒毎秒
6 物 質 量	モル	14 速 さ	メートル毎秒，メートル毎時
7 光 度	カンデラ		

7.3 計量単位

	物象の状態の量	計量単位		物象の状態の量	計量単位
15	加速度	メートル毎秒毎秒	36	電圧	ボルト
16	周波数	ヘルツ	37	起電力	ボルト
17	回転速度	毎秒，毎分，毎時	38	静電容量	ファラド
18	波数	毎メートル	39	磁界の強さ	アンペア毎メートル
19	密度	キログラム毎立方メートル，グラム毎立方メートル，グラム毎リットル	40	起磁力	アンペア
			41	磁束密度	テスラ又はウェーバ毎平方メートル
20	力	ニュートン	42	磁束	ウェーバ
21	力のモーメント	ニュートンメートル	43	インダクタンス	ヘンリー
22	圧力	パスカル又はニュートン毎平方メートル，バール	44	電気抵抗	オーム
			45	電気のコンダクタンス	ジーメンス
23	応力	パスカル又はニュートン毎平方メートル	46	インピーダンス	オーム
			47	電力	ワット
26	仕事	ジュール又はワット秒	48	電力量	ジュール又はワット秒 ワット時
27	工率	ワット			
29	流量	立方メートル毎秒 立方メートル毎分 立方メートル毎時 リットル毎秒 リットル毎分 リットル毎時	49	電磁波の電力密度	ワット毎平方メートル
			50	放射強度	ワット毎ステラジアン
			51	光束	ルーメン
			52	輝度	カンデラ毎平方メートル
30	熱量	ジュール又はワット秒 ワット時	53	照度	ルクス
31	熱伝導率	ワット毎メートル毎ケルビン又はワット毎メートル毎度	(以下，別表第2関係)		
			1	無効電力	バール
			2	皮相電力	ボルトアンペア
32	比熱容量	ジュール毎キログラム毎ケルビン又はジュール毎キログラム毎度	3	無効電力量	バール秒 バール時
			4	皮相電力量	ボルトアンペア秒 ボルトアンペア時
33	エントロピー	ジュール毎ケルビン			
34	電気量	クーロン	5	電磁波の減衰量	デシベル
35	電界の強さ	ボルト毎メートル	6	音圧レベル	デシベル

(注) 数字は，政令の別表中の通し番号で，別表第1では合計65個，第2では7個あって，上表はその抜粋である。

7.4 国際単位系（SI）

メートル法は1790年にフランスで制定され，国際的に最も普及している単位系であるが，科学技術や産業の発展とともに，度量衡（長さ，容積，目方）以外の物象量の単位を設定する必要から，いくつもの単位が組み込まれるようになり，それに伴って単位系も，MKS単位系をはじめ数種の実用的な単位系が出現するようになった。このようないくつにも分かれた単位系を統一するために，1960年の第11回国際度量衡総会において**国際単位系**（Le Système International d' Unités, 略称：**SI**）の制定を決議した。

SIの構成は，7個の基本単位に2個の補助単位を配し，これらを代数的に組み合わせて必要な物理量の単位を「1量につきただ一つだけを組み立て」，各単位の倍量，分量を作るため16個の接頭語を用意した（**表 7.1～表 7.9**）。「計量法」では，計量単位をメートル法に統一しており，基本的にはSI単位に整合するようになっている。

表 7.1　SI 基本単位

量	名　称	記号
長　　さ	メートル	m
質　　量	キログラム	kg
時　　間	秒	s
電　　流	アンペア	A
熱力学温度	ケルビン	K
物 質 量	モ　ル	mol
光　　度	カンデラ	cd

表 7.2　SI 補助単位

量	SI 単位	
	名　称	記号
平 面 角	ラジアン	rad
立 体 角	ステラジアン	sr

表 7.3　補助単位を用いて表現される SI 組立単位

量	SI 単位	
	名　称	記号
角 速 度	ラジアン毎秒	rad/s
角加速度	ラジアン毎秒毎秒	rad/s^2
放射強度	ワット毎ステラジアン	W/sr
放射輝度	ワット毎平方メートル毎ステラジアン	W•m^{-2}•sr^{-1}

7.4 国際単位系 (SI)

表 7.4 基本単位を用いて表現される SI 組立単位

量	SI 単位 名称	記号
面　　　積	平方メートル	m^2
体　　　積	立方メートル	m^3
速　　　さ	メートル毎秒	m/s
加　速　度	メートル毎秒毎秒	m/s^2
波　　　数	毎メートル	m^{-1}
密　　　度	キログラム毎立方メートル	kg/m^3
比　体　積	立方メートル毎キログラム	m^3/kg
電 流 密 度	アンペア毎平方メートル	A/m^2
磁界の強さ	アンペア毎メートル	A/m
(物質量の)濃度	モル毎立方メートル	mol/m^3
輝　　　度	カンデラ毎平方メートル	cd/m^2

表 7.5 固有の名称を持つ SI 組立単位

量	SI 単位 名称	記号	他の SI 単位による表現	SI 基本単位による表現
周　波　数	ヘルツ	Hz		s^{-1}
力	ニュートン	N		$m \cdot kg \cdot s^{-2}$
圧　力, 応　力	パスカル	Pa	N/m^2	$m^{-1} \cdot kg \cdot s^{-2}$
エネルギー, 仕事, 熱量	ジュール	J	$N \cdot m$	$m^2 \cdot kg \cdot s^{-2}$
工率, 放射束	ワット	W	J/s	$m^2 \cdot kg \cdot s^{-3}$
電気量, 電荷	クーロン	C		$s \cdot A$
電位, 電圧, 起電力	ボルト	V	W/A	$m^2 \cdot kg \cdot s^{-3} \cdot A^{-1}$
静 電 容 量	ファラド	F	C/V	$m^{-2} \cdot kg^{-1} \cdot s^4 \cdot A^2$
電 気 抵 抗	オーム	Ω	V/A	$m^2 \cdot kg \cdot s^{-3} \cdot A^{-2}$
コンダクタンス	ジーメンス	S	$V \cdot s$	$m^{-2} \cdot kg^{-1} \cdot s^3 \cdot A^2$
磁　　　束	ウェーバ	Wb	V/s	$m^2 \cdot kg \cdot s^{-2} \cdot A^{-1}$
磁 束 密 度	テスラ	T	Wb/m^2	$kg \cdot s^{-2} \cdot A^{-1}$
インダクタンス	ヘンリー	H	Wb/A	$m^2 \cdot kg \cdot s^{-2} \cdot A^{-2}$
セルシウス温度	セルシウス度	℃		K
光　　　束	ルーメン	lm		$cd \cdot sr$
照　　　度	ルクス	lx	lm/m^2	$m^{-2} \cdot cd \cdot sr$

表 7.6 SI 接頭語

倍数	接頭語	記号	倍数	接頭語	記号	倍数	接頭語	記号
10^{18}	エクサ	E	10^2	ヘクト	h	10^{-9}	ナノ	n
10^{15}	ペタ	P	10^1	デカ	da	10^{-12}	ピコ	p
10^{12}	テラ	T	10^{-1}	デシ	d	10^{-15}	フェムト	f
10^9	ギガ	G	10^{-2}	センチ	c	10^{-18}	アト	a
10^6	メガ	M	10^{-3}	ミリ	m			
10^3	キロ	k	10^{-6}	マイクロ	μ			

表 7.7　国際単位系と併用される単位

名　称	記　号	SI単位による値
分	min	$1\,\text{min} = 60\,\text{s}$
時	h	$1\,\text{h} = 60\,\text{min} = 3\,600\,\text{s}$
日	d	$1\,\text{d} = 24\,\text{h} = 86\,400\,\text{s}$
度	°	$1° = (\pi/180)\,\text{rad}$
分	′	$1′ = (1/60)° = (\pi/10\,800)\,\text{rad}$
秒	″	$1″ = (1/60)′ = (\pi/648\,000)\,\text{rad}$
リットル	l, L	$1\,l = 1\,\text{dm}^3 = 10^{-3}\,\text{m}^3$
トン	t	$1\,\text{t} = 10^3\,\text{kg}$

表 7.8　国際単位系と併用される単位で，SI単位による値が実験的に得られるもの

量	名　称	記　号	SI単位による値
エネルギー	電子ボルト	eV	$1\,\text{eV} \fallingdotseq 1.602\,177 \times 10^{-19}\,\text{J}$
質量	(統一)原子質量単位	u	$1\,\text{u} \fallingdotseq 1.660\,540 \times 10^{-27}\,\text{kg}$

表 7.9　国際単位系とともに暫定的に維持される単位

名　称	記　号	SI単位による値
海里		$1\,\text{海里} = 1\,852\,\text{m}$
ノット		$1\,\text{ノット} = 1\,\text{海里毎時} = (1\,852/3\,600)\,\text{m/s}$
オングストローム	Å	$1\,Å = 0.1\,\text{nm} = 10^{-10}\,\text{m}$
アール	a	$1\,\text{a} = 1\,\text{dam}^2 = 10^2\,\text{m}^2$
ヘクタール	ha	$1\,\text{ha} = 1\,\text{hm}^2 = 10^4\,\text{m}^2$
バーン	b	$1\,\text{b} = 100\,\text{fm}^2 = 10^{-28}\,\text{m}^2$
バール	bar	$1\,\text{bar} = 0.1\,\text{MPa} = 10^5\,\text{Pa}$
ガル	Gal	$1\,\text{Gal} = 1\,\text{cm/s}^2 = 10^{-2}\,\text{m/s}^2$
キュリー	Ci	$1\,\text{Ci} = 3.7 \times 10^{10}\,\text{Bq}$
レントゲン	R	$1\,\text{R} = 2.58 \times 10^{-4}\,\text{C/kg}$
ラド	rad	$1\,\text{rad} = 1\,\text{cGy} = 10^{-2}\,\text{Gy}$
レム	rem	$1\,\text{rem} = 1\,\text{cSv} = 10^{-2}\,\text{Sv}$

(注)　Bq：ベクレル，Gy：グレイ，Sv：シーベルト　いずれも放射能に関するSI単位

7.5　電気計器の供給に関する規制

(a)　取引用計器と証明用計器

計量法における特定計量器の中で定めた電気計器として，最大需要電力計，電力量計，無効電力量計が挙げられる。これらは，その使用目的から「取引

用」と「証明用」に分けられる。

「取引用計器」とは，電気供給者（電気事業者）と需要家との間で電気供給約款に基づいて計算するもので，「証明用計器」とは，主として貸しビル，アパートなどに取り付けられ，賃貸借人間でその賃貸借契約に付随してなされる電力量にかかわる証明上の計量に用いられるもの（通称・子メーターといわれる）である。

なお，電気関係の計量器で，照度計や騒音計などは，建築基準法，騒音規制法などの法規制に基づく規定値に適合していることを証明するための計測器で「証明用計器」として使用される。

（b） 製造事業者に対する規制

特定計量器の製造事業を行おうとする者は，「事業の区分」に従って，名称，住所，検査設備の内容等をあらかじめ，経済産業大臣に届け出なければならない。**（第40条）**

「事業の区分」は，計量法施行規制第5条の別表第1に規定されている。このうち電気計器に関する項目はつぎのとおりである。

項目番号	事業の区分	検査のための機器，装置
36	最大需要電力計，精密電力量計，普通電力量計，無効電力量計を製造する事業	1.基準電力量計 2.絶縁抵抗検査設備
37	特別精密電力量計を製造する事業	同　　上
38	直流電力量計を製造する事業	1.2.基準電流計，電圧計 3.絶縁抵抗検査設備

届出製造事業者には，検査方法の遵守，事業の承継・変更・廃止の場合の届出義務などが課せられている。**（法第41条～第45条）**

届出製造事業者又は外国製造事業者で，工場又は事業場における品質管理の方法が経産省令の基準に適合していると認められるときは，事業者の申請により「指定製造事業者」「指定外国製造事業者」となることができる。**（法第90条～第101条）**

（c） 修理事業者に対する規制

特定計量器の修理事業を行おうとする者は，上記（施規5条・別表1）の「事業の区分」に従って，製造事業者と同じ内容の届け出をしなくてはならない。**(法第46条)**

修理事業者には，修理に際して，検定証印等の除去義務，修理方法の基準と表示義務が課せられている。**(法第49条〜第50条,施行規則第12条〜第14条)**

（d） 販売事業者に対する規制

特定計量器の販売事業を行おうとする者は，製造又は修理事業者と同様の届け出をしなくてはならない。**(法第51条)**

販売事業者には，当該特定計量器に係る知識並びに購入者に対する使用説明義務などが課せられている。**(法第52条,施行規則第19条)**

7.6 使用の制限に関する規定

計量器の使用については，次に該当するものは，取引または証明における法定計量単位による計量に使用したり，所持してはならない。**(法第16条)**

① 計量器でないもの。
② 特定計量器で，経済産業大臣，都道府県知事，日本電気計器検定所又は指定検定機関の検定に合格した検定証印が付されていないもの。
③ 指定製造事業者としての表示が付されていない特定計量器。
④ 検定証印の有効期限を経過した特定計量器。**(施行令第18条,別表第3)**
⑤ 変成器付電気計器の場合，電気計器と変成器が同一の合番号でないもの。

7.7 検定に関する規定

特定計量器の検定に係わる定義で，「器差」とは計量値から真実の値（基準器の値）を減じた値，又は真実の値に対する割合をいう。「検定公差」とは器

7.7 検定に関する規定

表 7.10 特定計量器（電気計器）の器差，公差および有効期間

計器の種別	力率	定格に対する負荷電流の%	器差の絶対値の限度%	器差の差の限度%	検定公差%	使用公差%	有効期間
最大需要電力計	0.5	10, 20, 50, 100, 120	2.5	2.0	3.0	4.0（変成器付は3.0)	5年
	1	5, 10, 20, 50, 100, 120	2.0	1.5			
特別精密電力量計	0.5	10	0.8	0.6	定格電流の10%以下0.8	1.4（変成器付は1.1)	(イ) 定格電圧が300 V 以下のもの 10 年 (ロ) 定格電圧が300 V 以下で ①一次電流が120 A 以下の変流器で使用するもの ②定格電流が20 A，又は60 A のもの 7 年 (ハ) (イ), (ロ)以外のもの 5 年
		20, 50, 100, 120	0.5				
	1	5	0.8	0.4	定格電流の10%超過0.5	0.9（変成器付は0.7)	
		10, 20, 50, 100, 120	0.5				
精密電力量計	0.5	10	1.5	1.5	定格電流の10%以下1.5	2.5（変成器付は2.0)	
		20, 50, 100, 120	1.0				
	1	5	1.5	1.0	定格電流の10%超過1.0	1.7（変成器付は1.3)	
		10, 20, 50, 100, 120	1.0				
普通電力量計	0.5	変成器付のものは 10, 20, 50, 100, 120	2.5	2.0	2.5	3.0（変成器付は2.5)	
	1	変成器なしのものは II形，III形，IV形，V形に限る	2.0	1.5	2.0	（変成器付は2.0)	
直流電力量計	—	10, 20, 50, 100	3.0	2.0	3.0	4.0	5年
無効電力量計	0	10, 20, 50, 100, 120	2.5	—	2.5	4.0（変成器付は2.5)	5年
	0.866	10	3.0	2.0			
		20, 50, 100, 120	2.5				

（注） 表中の該当条文は，器差の絶対値の限度および器差の差の限度―特定計量器検定検査規則，第663条，第716条。検定公差―同規則，第680条，第724条。使用公差―同規則，第708条，第752条。有効期間―施行令，第12条，第18条別表。

差の絶対値を指している。(**特定計量器検定検査規則第16条**)

特定計量器について検定を受けようとするものは，前項②号の検定先に申請書を提出しなくてはならない。検定の合格条件はつぎのとおりとなっている。

① 構造が経済産業省令で定める技術上の基準に適合すること。
② 器差が経済産業省令で定める検定公差を超えないこと。

検定に合格した特定計量器には検定証印を付するとともに，検定証印の有効期間を政令で定めている。なお，変成器付電気計器の検査を受ける場合は，原則として計器と変成器を同時に提出しなくてはならない。(**法第70条～第74条**)

検定に係わる公差の規定値並びに検定の有効期間は，**表7.10**のとおりである。

7.8　型式の承認に関する規定

特定計量器の届出製造事業者（国内）並びに，輸入事業者又は外国製造事業者は，それぞれの事業者が製造又は輸入する特定計量器の型式について，政令で定める区分に従って，経済産業大臣又は日本電気計器検定所の承認を受けることができる。これら承認事業者は，経済産業省令で定めた製造技術基準に適合するものを製造，販売しなくてはならない。また，これらの事業者が製造，輸入をしたときは，省令で定めた「表示」を付することができる。なお型式承認の有効期間は10年となっている。(**法第76条～第89条，施行令第22条～第23条，特定計量器検定検査規則第35条**)

第8章 電気に関連するその他の法令

8.1 国の特別施策に関する法令

電力の生産と需要のあり方は，国の経済発展や国民生活の向上と密接な関係があり，そのため，電力需給に関しては，国のエネルギー政策，地域開発対策などの対象となることが少なくない。これの代表的な法律として**電源三法**（略称），石油代替エネルギー法（略称），農山漁村電気導入促進法，電気事業，石炭鉱業争議行為規制法（略称），土地収用法，省エネルギー法（略称）などがある。

8.1.1 電源開発促進法（旧法）と電源開発株式会社

電源開発促進法（制定 昭27・法283）は，第2次大戦後の復興段階において，わが国産業，経済の発展に隘路となっていた電力不足を解消するために，多額の資金を要する電源の開発と送電変電設備の整備を国の特別施策として行うために制定された法律で，そのおもな内容は，国の電源開発基本計画の立案とこれに定められた地点における電源開発をすみやかに行い，電気の供給を増加することを目的として電源開発株式会社を設立することを定めた。その後，電気事業に係る法規制の緩和と電気供給事業の自由化，多角化が進み，国の政策転換の一つとして電源開発促進法が平成15（2003）年10月に廃止され，これに伴い，特殊法人の電源開発株式会社の民営化が決まり，平成16（2004）年10月に東京証券取引所市場一部上場の企業として運営されるようになった。

8.1.2 電源三法（略称）および石油代替エネルギー法（略称）

電気事業における電力の安定供給を維持するためには電源立地の確保は重要な課題とされている。これの抜本的な対策として，発電用施設の周辺の地域における公共用の施設の整備を促進することにより，地域住民の福祉の向上を図り，これによって発電用施設の設置の円滑化に資することを目的として**発電用施設周辺地域整備法**（昭49・法78）が制定された。またこれに関連して，電源開発促進対策に要する費用に当てるため新たに設けた電源開発促進税について規定した**電源開発促進税法**（昭49・法79），ならびにこの税収入，支出を取り扱う会計方法について規定した**電源開発促進対策特別会計法**（昭49・法80）があわせて制定公布された。これらの法律は通称**電源三法**と呼ばれている。

わが国の厳しいエネルギー事情のもとにおいて，長期的な展望に立ったエネルギー確保の方策として，「石油代替エネルギーの開発及び導入を総合的に進めるために必要な措置を講ずることとし，もって国民経済の健全な発達と国民生活の安定に寄与することを**目的（第1条）**」とした**石油代替エネルギーの開発及び導入の促進に関する法律**（昭55・法71）が公布された。

この法律の施策を総合的に行う目的で**新エネルギー産業技術総合開発機構**（特殊法人）を設立し，地熱発電，太陽電池，石炭液化，太陽熱利用，海外の石炭探鉱・資源開発などの企業化促進を図っている。また，経済産業大臣は石油代替エネルギーの平成22年度における供給目標(平14・告172)をつぎのように公表している。

代替エネルギーの種類	原子力	石炭	天然ガス	水力	地熱	その他
供給目標（10^4kl）	9 300	11 400	8 300	2 000	100	2 000

8.1.3 農山漁村電気導入促進法（制定 昭27・法 358）

この法律は，電気が供給されていないか，十分に供給されていない農山漁村または発電水力が未開発のまま存在する地域に電気を導入して，農林漁業の生産力の増大と生活文化の向上を図ることを目的として制定されたもので，全文12条からなっている。内容の概要は，つぎのとおりである。

都道府県知事は，農林漁業団体（協同組合など）の事業申請によって**電気導入計画**を定め，これに基づいて，農林，経産両大臣は協議の上，年度ごとに**全国農山漁村電気導入計画**を定める。農林漁業金融公庫および沖縄振興開発金融公庫は，前記団体に対し電気を導入するための発送配電の改良，造成，復旧などの**資金を貸付け**，さらに条件の悪い地域は国が**補助金**を交付する。なお，電気導入事業は最大出力 2 000 kW 以下の小規模発電をする供給事業にも適用される。この法律で**電気事業法**に関係する部分は同法が適用される。

8.1.4 電気事業および石炭鉱業における争議行為の方法の規制に関する法律（制定 昭和 28・法 171）

この法律は，電気事業および石炭鉱業の特殊性ならびに国民経済および国民の日常生活に対する重要性にかんがみ，公共の福祉を擁護するために，電気事業の事業主および従業者に対して，電気の正常な供給を停止する争議行為†その他の電気の正常な供給に直接に障害を生じさせる争議行為を禁止したものである。

> (注)「正常な供給を停止する争議行為」とは停電ストライキなどの行為をいう。また，このほか，石炭鉱業の保安業務の停廃についての禁止規定がある。

8.1.5 土地収用法および公共用地の取得に関する特別措置法

（a）**土地収用法**（制定 昭26・法 219） この法律は，公共の利益とな

る事業に必要な土地などの収用または使用に関し，その要件，手続きおよび効果ならびにこれに伴う損失の補償などについて規定したもので，「電気」に関してこれが適用できる事業は規定により，（1）電気事業，（2）電源開発（株）の事業，（3）電信電話事業，（4）放送事業などがある。これらの電気関係事業では，電気工作物その他の設備の設置準備のための測量などで土地の立ち入り権が認められる。さらに，土地などを収用または使用するときは，国土交通大臣の**事業認定**を受けた後，都道府県収用委員会に裁決を申請し，所定の手続きを経て収用または使用の権利を取得できる。

（b）公共用地の取得に関する特別措置法（制定 昭36・法150） この法律は，土地収用法の適用を受けることができる公共事業のうち，特に重要なもの（**特定公共事業**）について，必要な土地などの取得に関し，特例を定めたもので，土地収用の手続き，裁決の迅速化の措置がとられている。「電気」に関して適用される事業は，電気事業用電気工作物のうち，最大出力 50 000 kW 以上の発電設備または使用電圧 100 000 V 以上の送変電施設，もしくは使用電圧 100 000 V 以上で容量 100 000 kVA 以上の変電施設に直結する 60 000 V 以上 100 000 V 未満の送電施設に関するものとされている。

8.1.6　エネルギーの使用の合理化に関する法律（略称 省エネルギー法）
（制定 昭54・法49）

わが国が当面するエネルギー情勢に対処し，エネルギーの需要面における省エネルギー政策を推進するために，法的な措置として「**エネルギーの使用の合理化に関する法律**」が制定された。この政策の対象は，工場，事業場から住宅に至る建築物をはじめ，自動車その他の輸送機関およびエネルギーを消費するすべての分野に及んでいる。この法律の概要はつぎのとおりである。

（a）目的と定義　この法律は，燃料資源の大部分を輸入に依存せざるを得ないわが国のエネルギー事情にかんがみ，燃料資源の有効な利用の確保に資するため，工場，建築物および機械器具についてのエネルギーの使用の合理化に関する所要の措置などを講ずることとし，もって国民経済の健全な発展に寄

与することを目的とする。(**第1条**)

また「エネルギー」とは，石油，可燃性天然ガス，石炭などの燃料および，これを熱源とする熱ならびに電気をいうものとしている。(**第2条**)

(**b**) **工場にかかわる措置** 工場などにおいて，エネルギーを使用して事業を行う者は，燃料の燃焼，加熱，冷却などの合理化，電気および熱の損失防止，およびエネルギーの回収や変換による損失防止などの事項を適確に実施することにより使用合理化に努めなければならない。また，経済産業大臣はこれらの有効な実施を図るために，事業者の判断の基準を定めて公表し，事業者に対して指導助言を行うことができる。(**第3条～第5条**)

製造業その他の政令で定める業種に属する事業の用に供する工場であって，燃料や電気の使用量が大きい工場（燃料の場合は，年間石油換算使用量3 000 kl 以上，電気の場合は，年間使用量1 200万 kWh 以上）では，エネルギー管理指定工場として指定し，その工場ごとにエネルギー管理士およびエネルギーの使用の状況に関する記録を行わなければならない。(**第6条，第7条**)

(**c**) **建築物にかかわる措置** 建築主に対する努力義務として，建築物の建設に際し，経済産業省・国土交通省告示による**判断基準**に従って外壁，窓などを通しての熱の損失の防止のための措置，ならびに空調，機械換気，照明，給湯，昇降機の各設備にかかわるエネルギーの効率的利用のための措置などエネルギ 使用の合理化に努めなければならない。また，国土交通大臣は上記の努力義務を確実に実施させるための指導，助言を行うことができる。(**第13条～第15条**)

特定建築物（住宅以外で延べ面積2 000 m² 以上のもの）のエネルギーの効率的利用が不十分のときは国土交通大臣は改善の指示をすることができる。(**第15条の2**)

(注) **判断基準の例－照明設備**

照明設備にかかわるエネルギーの判断基準は，照明消費エネルギー係数を一定数値（判断基準）以下となるように設計することが求められている。

照明消費エネルギー係数とは，照明消費エネルギー量を，その建築物に対して想定される標準的な年間消費エネルギー量（仮想照明消費エネルギー量）で除したも

のをいい，次式で表される．
　　照明エネルギー消費係数（CEL/L）
　　　　＝照明消費エネルギー量／仮想照明消費エネルギー量
　消費係数（CEL/L, coefficient of energy consumption for lighting）の値は小さいほど効率的に利用されていることを意味しており，ホテル・旅館，物販店舗では1.2以下，事務所，病院・診療所，学校では1.0以下の値になるように定められている．

（d）　エネルギー管理士の資格および職務　　エネルギー管理士は，「エネルギー管理士免状」の交付を受けている者のうちから選任されるが，免状の種類は「**電気管理士**」と「**熱管理士**」とがあり，経済産業大臣が実施する試験または認定によって交付される．（**第8条**）

　エネルギー管理者は，エネルギーの使用合理化に関する設備の維持，管理，使用方法の改善・監視などの業務を管理するものである．（**第9条**）

（e）　エネルギー管理士試験†および認定　　試験は筆記試験で，毎年1回実施され，受験資格は電気管理実務に1年以上従事した者とされている．

　また，経産大臣の実施する「電気管理研修」は大学，高専，短期大学の電気工学科の卒業者および電気主任技術者免状取得者（ただし第3種は条件付）でかつ実務経験3年以上の者が該当し，研修終了試験合格者には資格が認定される．

†(注)　「電気管理士」の試験科目はつぎのとおりである．
　　　　① 電気管理概論並びに法および法に基づく命令，② 電気理論および制御理論，③ 工場配電，④ 電気機器，⑤ 電動力応用，⑥ 電気加熱，電気化学，照明および空気調和

8.2　環境関係法令

8.2.1　環境関係法令の概要

　第2次大戦後，わが国の産業・経済は高度成長を遂げたが，これと同時に大気汚染，水質汚濁，騒音などによる公害も多く発生し，人の健康や生活環境に対して脅威となり，深刻な社会問題となってきた．このような社会情勢を背景

として，昭和42年，**公害対策基本法**が制定され，この法律の定めるところに従い，**表8.1**のような関係諸法令が制定され，公害発生源の規制の強化，公害紛争の処理，公害による被害の救済，公害防止施設の整備促進などについて規定されるようになった。

その後の経済成長に伴って，大量生産，大量消費，大量廃棄型の社会経済活動により都市・生活型公害が顕著になり，新技術の開発・利用に伴う新たな環境汚染の問題が指摘されるようになった。また国際社会においては地球規模の環境問題の重要性に対する認識の高まりを踏まえ，1992（平成4）年に国連環境開発会議が開催され，国際社会の合意を得て，環境に関する宣言や行動計画が採択された。これらの成果を踏まえて，平成5年に環境保全に関する新たな理念や多様な政策手段を示した「環境基本法」が制定された。これによって「公害対策基本法」は，その主旨が環境基本法に移行したため廃止された。

電気に関する公害問題は，主として火力発電所の排出するばい煙による大気汚染，発電所・変電所の機器による騒音および振動などが対象となり，原子力発電に関連する環境維持については「原子力関係法令」で規定されている。

表 8.1　環境関係法令（抜粋）

法律	施行令	施行規則
◎ 環境基本法 （平5・法91）		
◎ 特定工場における公害防止組織の整備に関する法律 （昭46・法107）	⦿ 特定工場における公害防止組織の整備に関する法律施行令 （昭46・政264）	○ 特定工場における公害防止組織の整備に関する法律施行規則 （昭46・蔵・厚・農・通・運3）
◎ 大気汚染防止法 （昭43・法97）	⦿ 大気汚染防止法施行令 （昭43・政329）	○ 大気汚染防止法施行規則 （昭46・厚・通1）
◎ 騒音規制法 （昭43・法98）	⦿ 騒音規制法施行令 （昭43・政324）	○ 騒音規制法施行規則 （昭46・厚・農・通・運・建1）
◎ 振動規制法 （昭51・法64）	⦿ 振動規制法施行令 （昭51・政280）	
◎ 水質汚濁防止法 （昭45・法138）	⦿ 水質汚濁防止法施行令 （昭46・政188）	○ 水質汚濁防止法施行規則 （昭46・総・通2）
◎ 公害紛争処理法 （昭45・法108）	⦿ 公害紛争処理法施行令 （昭45・政253）	○ 公害紛争処理法施行規則 （昭47・総47）

8.2.2 環境基本法（制定 平 5・法 91）

今日の環境問題の対象領域の広がりに対応するために，公害対策基本法に代わって制定された法律で，総則，環境の保全に関する基本施策など全文 46 条からなっている．

（a） 目的および定義

（目　　的）
第 1 条　この法律は，環境の保全について，基本理念を定め，並びに国，地方公共団体，事業者及び国民の責務を明らかにするとともに，環境の保全に関する施策の基本となる事項を定めることにより，環境の保全に関する施策を総合的かつ計画的に推進し，もって現在及び将来の国民の健康で文化的な生活の確保に寄与するとともに人類の福祉に貢献することを目的とする．

（定　　義）
第 2 条　この法律において「**環境への負荷**」とは，人の活動により環境に加えられる影響であって，環境の保全上の支障の原因となるおそれのあるものをいう．

2　この法律において「**地球環境保全**」とは，人の活動による地球全体の温暖化又はオゾン層の破壊の進行，海洋の汚染，野生生物の種の減少その他の地球の全体又はその広範な部分の環境に影響を及ぼす事態に係る環境の保全であって，人類の福祉に貢献するとともに国民の健康で文化的な生活の確保に寄与するものをいう．

3　この法律において「**公害**」とは，環境の保全上の支障のうち，事業活動その他の人の活動に伴って生ずる相当範囲にわたる大気の汚染，水質の汚濁（水質以外の水の状態又は水底の底質が悪化することを含む第 16 条第 1 項を除く，以下同じ．），土壌の汚染，騒音，振動，地盤の沈下（鉱物の掘採のための土地の掘削によるものを除く．以下同じ．）及び悪臭によって，人の健康又は生活環境（人の生活に密接な関係のある

> 財産並びに人の生活に密接な関係のある動植物及びその生育環境を含む。以下同じ。）に係る被害が生ずることをいう。

（b） 環境保全の推進　　環境の保全は，現在及び将来の世代の人間が健全で恵み豊かな環境の恵沢を享受するとともに，人類の存続の基盤が維持されるように適切に行われなくてはならない。また，健全で恵み豊かな環境を維持しつつ，環境への負荷の少ない持続的発展が可能な社会が構築され，保全上の支障が未然に防げることを旨としなくてはならない。さらに，国際的協調によって地球環境保全を積極的に推進しなくてはならない。（第 3 条〜第 5 条）

（c） 環境保全に関する責務　　環境の保全に関して，国，地方公共団体，事業者及び国民の責務，並びに政府の報告義務については，概要つぎのように規定している。（第 6 条〜第 10 条）

（1）　国は，環境の保全に関する基本的・総合的施策を策定し，実施する責務がある。地方公共団体は，国の施策に準じた施策及び地域の実情に応じた施策を策定し，実施する責務がある。

（2）　事業者は，事業活動に伴って生ずるばい煙その他の公害を防止し，自然環境の保全に必要な措置を講ずる義務がある。

（3）　国民は，日常生活で環境負荷の低減に努め，行政側の施策に協力する責務がある。

（4）　政府は，毎年，環境の保全に関した報告書（**環境白書**）を国会に提出しなければならない。

（5）　6 月 5 日を「**環境の日**」と定め，環境保全についての関心と理解を深める。

（d） 環境保全に関する基本的施策（第 14 条〜第 21 条）

（1）　国の施策の策定にかかわる指針（生活環境・自然環境・生態系の保全を主旨としたもの）を示し，その推進を図るため**環境基本計画**を定めるものとする。

（2）　政府は，**環境基準**[†]（人の健康を保護し，生活環境を保全する上で維

持されることが望ましい基準）を定めるものとする。この環境基準は，つねに適切な科学的判断が加えられ，必要な改定をしなければならない。

（3） 内閣総理大臣は，公害が著しい地域（特定地域）における防止対策として，**公害防止計画**を策定し，これの推進のため必要な措置を講じなくてはならない。

（4） 国が講ずる環境の保全のための施策として，**環境影響評価**（環境アセスメント）の推進，発生した公害を防止するための規制措置などが規制されている。

†(注) **環境基準**として，つぎのものが制定されている。
- （1） いおう酸化物に係る環境基準（昭44・閣議決定）
- （2） 一酸化炭素に係る環境基準（昭45・閣議決定）
- （3） 浮遊粒子状物質に係る環境基準（昭47・閣議決定）
- （4） 水質汚濁に係る環境基準（昭45・閣議決定）
- （5） 騒音に係る環境基準（昭和46・閣議決定）

8.2.3　大気汚染防止法

この法律は，環境基本法に基づき，大気汚染に関する公害の防止について具体的施策を定めた法律（制定 昭43・法97）で，全文37条からなっている。

（a）　目的および定義

（目　　的）
第 1 条　この法律は，工場及び事業場における事業活動に伴って発生するばい煙の排出等を規制し，並びに自動車排出ガスに係る許容限度を定めること等により，大気の汚染に関し，国民の健康を保護するとともに，生活環境を保全し，並びに大気の汚染に関して人の健康に係る被害が生じた場合における事業者の損害賠償の責任について定めることにより，被害者の保護を図ることを目的とする。

（定　　義）
第 2 条　この法律において「ばい煙」とは，次の各号に掲げる物質をい

う。
一　燃料その他の物の燃焼に伴い発生するいおう酸化物
二　燃料その他の物の燃焼又は熱源としての電気の使用に伴い発生するばいじん
三　物の燃焼，合成，分解その他の処理（機械的処理を除く）に伴い発生する物質のうち，カドミウム，塩素，弗化水素，鉛その他の人の健康又は生活環境に係る被害を生ずるおそれがある物質（第一号に掲げるものを除く。）で政令で定めるもの[†1]。

2　この法律において「**ばい煙発生施設**」とは，工場又は事業場（鉱山保安法第2条第2項本文に規定する鉱山を除く。第4章の2を除き，以下同じ。）に設置される施設でばい煙を発生し，及び排出するもののうち，その施設から排出されるばい煙が大気の汚染の原因となるもので政令で定めるものをいう[†2]。

（以下省略）

†(注1)　「政令で定める**有害物質**」は施行令第1条において「カドミウムおよびその化合物，塩素，塩化水素，弗素，弗化水素，弗化珪素，鉛およびその化合物，窒素酸化物」と定められている。

†(注2)　「政令で定める**施設**」は施行令第2条「別表第1に掲げる施設」で，このうち「ボイラー」が火力発電所の施設として該当する。

（h）　**ばい煙の排出規制**　　ばい煙の排出についての概要はつぎのとおりである。

国または必要に応じて都道府県は，ばい煙の許容限度を定めた**排出基準**を作成する[†1]。（**第3条，第4条**）

ばい煙排出者に対しては，ばい煙発生施設の設置の届出，「排出基準」に不適合な排出の禁止，ばい煙量・濃度の測定・記録の義務が課せられる（**第6条，第13条，第16条**）。また，届け出た発生施設が「排出基準」に適合しないとき，あるいは操業中「排出基準」に適合しないときは変更または改善命令

が出される[†2]。(**第9条，第14条**)

建物が密集したところでは，季節によって地域ごとに定められた**燃料使用基準**に従わねばならない。(**第15条**)

都道府県知事は，大気汚染の状況を常時監視し，汚染の状況を公表しなければならない。また，汚染が著しいときは，一般に周知し，ばい煙を減少させる措置をとらなければならない。(**第22条～第24条**)

† (注1)　「国の定める排出基準」は施行規則(昭46.6・厚・通1，改正 昭46.12・総59) においてつぎのように規定されている。

　(**いおう酸化物の排出基準**)　　施行規則第3条 (一部要約)，法第3条第1項の規定によるいおう酸化物の排出基準は，次式で算出したいおう酸化物の量とする。

$$q = K \times 10^{-3} H_e^2$$

この式において

　q：いおう酸化物の量〔Nm³/h〕，ただし0℃，1気圧において
　K：地域による定数 (施行令別表第3の地域ごとに施行規則別表第1で定められた値)
　H_e：補正された排出口の高さ〔m〕
　　　補正式　$H_e = H_0 + 0.65(H_m + H_t)$　　ここで，H_0 は排出口の実高〔m〕，H_m, H_t は排出ガスの温度，速度，量で求まる係数

† (注2)　法第27条の規定により，電気事業法第2条第7項で定義する**電気工作物**は，この条文のうち「排出制限」，「ばい煙量測定等」を除いて適用が除外され，代わりにつぎの各法令，条項が関連適用される。

　(1)　**電気事業法**　第39条～第43条 (技術基準適合命令，保安規程，主任技術者)，第47条～第50条 (工事計画及び検査)
　(2)　**発電用火力設備に関する技術基準を定める省令**　第1条，第3条 (ばい煙等の防止) 第14条の2 (いおう酸化物の測定装置)
　(3)　**電気関係報告規則**　第3条，第3条の2 (電気事業者の公害防止等に関する報告) 第6条，第6条の2 (自家用電気工作物を設置する者の公害防止等に関する報告)
　(4)　**発電用火力設備に関する技術基準の細目** (告示)　第16条の2 (いおう酸化物の測定方法)

8.2.4 騒音規制法

この法律は，環境基本法に基づき，騒音に関する公害の防止について具体的施策を定めた法律（制定 昭43・法98）で，全文33条からなっている。

(a) 目的および定義

(目　　的)
第1条　この法律は，工場及び事業場における事業活動並びに建設工事に伴って発生する相当範囲にわたる騒音について必要な規制を行うとともに，自動車騒音に係る許容限度を定めること等により，生活環境を保全し，国民の健康の保護に資することを目的とする。

(定　　義)
第2条　この法律において「**特定施設**」とは，工場又は事業場（鉱山保安法第2条第2項に規定する鉱山を除く。以下同じ。）に設置される施設のうち，著しい騒音を発生する施設であって政令で定めるものをいう†。

2　この法律において「**規制基準**」とは，特定施設を設置する工場又は事業場（以下「**特定工場等**」という。）において発生する騒音の特定工場等の敷地の境界線における大きさの許容限度をいう。

(以下省略)

†(注)　「政令で定める施設」は，施行令第1条別表第1において11品目の機械（原動機の出力が一定の出力以上のもの）が指定されている。

(b) 指定地域および規制基準

指定地域と規制基準に関する概要は，つぎのとおりである。

都道府県知事は，特に騒音防止を必要とする地域を指定して，環境庁長官が特定工場等の騒音について定める基準の範囲内でこの地域についての**規制基準**を定める†。(第3条，第4条)

指定地域内に特定工場等を設置する者は都道府県知事に届け出ること，また設置している者は規制基準を遵守しなければならない。(第6条，第5条)

都道府県知事は，特定工場等が計画または操業の段階で「規制基準」に適合しないと認めたときは，変更または改善を命令できる。(**第9条，第12条**)

† (注)　法第4条における「環境庁長官が特定工場等の騒音について定める基準」の概要はつぎのとおりである。

特定工場等において発生する騒音の規制に関する基準（要約）（昭43・厚・農・通・運告1）

第 1 条　騒音規制法第4条第1項に規定する時間の区分及び区域の区分ごとの基準は表8.2のとおりとする。ただし，学校，保育所，病院，診療所，図書館，特別養護老人ホームの周囲約50 m以内は，第2種，3種，4種に限りこれより5 dB小さく「規制基準」に定められる。

表 8.2　騒音規制法による基準

区域の区分＼時間の区分	昼 間	朝・夕	夜 間
第1種区域 （特別住宅地区）	45〜50 dB	40〜45 dB	40〜45 dB
第2種区域 （住宅地区）	50〜60 dB	45〜50 dB	40〜50 dB
第3種区域 （住宅・商工業 混在地区）	60〜65 dB	55〜65 dB	50〜55 dB
第4種区域 （工業地区）	65〜70 dB	60〜70 dB	55〜65 dB

(**c**)　**電気工作物に対する騒音規制**　電気事業法第2条第7項で定義する**電気工作物**は特定施設として，これを設置する者には第1条〜第5条までが適用され，その他については**電気事業法**の相当規定を適用するように定めている。また，都道府県知事は経済産業大臣に対し，「事業法」の適用を要請でき，報告の請求，立入検査の権限が認められる。(**第21条，第20条**)

(注)　電気事業法関係法令で騒音規制と関連のあるものはつぎのとおりである。
　（1）　**電気事業法**　第39条〜第43条（技術基準適合命令，保安規程，主任技術者），第47条〜第50条（工事計画及び検査）
　（2）　**電気設備に関する技術基準を定める省令**　第44条の3（騒音の防止）
　（3）　**電気関係報告規制**　第3条，第3条の2（電気事業者の公害防止等に関する報告），第6条，第6条の2（自家用電気工作物を設置する者の公害防

止等に関する報告）

8.2.5 振動規制法

この法律（制定 昭51・法64）は，工場および事業場における事業活動ならびに建設工事に伴って発生する相当範囲にわたる振動について必要な規制を行うとともに，道路交通振動にかかわる要請の措置を定めることなどにより，生活環境を保全し，国民の健康の保護に資することを**目的（第1条）**として制定したものである。

この法律では，工場または事業場の施設のうち，著しい振動の発生するものを「**特定施設**」として規制の対象とし，また特定工場の場合の規制基準は別表のように定めている。

別表 特定工場等において発生する振動の規制基準（昭51・環告90）

区域の区分 \ 時間の区分	昼 間	夜 間
第 1 種 区 域	60 デシベル以上 65 デシベル以下	55 デシベル以上 60 デシベル以下
第 2 種 区 域	65 デシベル以上 70 デシベル以下	60 デシベル以上 65 デシベル以下

（注） 学校，保育所，病院および診療所のうち患者の収容施設を有するもの，図書館，特別養護老人ホームの敷地の周囲がおおむね50メートルの区域内においては，一般より5デシベル厳しく基準を定めることができる。

電気工作物にかかわる取扱いは，特定施設を設置する場合には，従来の電気事業法の規定によることとし，この法令の適用が除外される。ただし，特定施設にかかわる許可・認可・届出があったときは，経済産業大臣から所在地の都道府県知事に該当事項を通知することになっており，また，これらの特定施設から振動が発生した場合は，都道府県知事が経済産業大臣に改善勧告を要請できることになっている。

（注） 電気事業法関係法令で振動規制法と関連のあるものは，つぎのとおりである。
①電気事業法，②電気設備に関する技術基準を定める省令－第44条の3（振動の防止），③電気関係報告規則

第9章　電気通信関係法令

わが国では，明治2（1869）年に官営で電報業務を開業して以来,「電信法（明33制定）」と「無線電信法（大4制定）」を基本法として，通信関係行政が行われてきた。第2次大戦後，新憲法が制定され，旧来の行政監督の考え方を改め，新しい理念のもとに昭和25年,「電波法」「放送法」が制定されたのをはじめとして，通信関係法令が順次立法化されて古い法令は廃止され，法体系は順次整備されるようになった。

昭和59年12月に電気通信改革三法（略称）が公布され，昭和27年発足以来公衆電気通信事業を独占していた日本電信電話公社（略称 電電公社，現 日本電信電話株式会社，略称 NTT）は，昭和60年4月から民営化すると同時に，電気通信事業の自由化により，他の事業者の参入を認めることとなった。

現行の通信関係法令の体系は，電気通信の規律に関する法令については**表9.1**，電気通信事業の経営および利用サービスに関する法令については**表9.2**に示すとおりである。

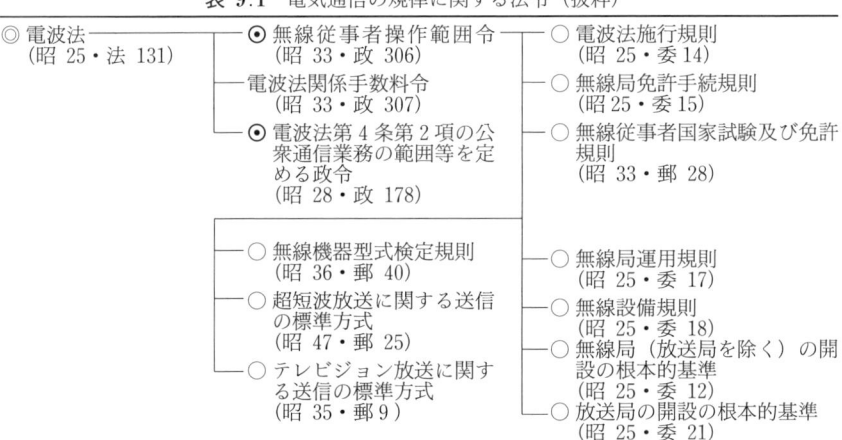

表 9.1　電気通信の規律に関する法令（抜粋）

◎ 電波法
（昭25・法131）
- ◉ 無線従事者操作範囲令（昭33・政306）
  - ○ 電波法施行規則（昭25・委14）
  - ○ 無線局免許手続規則（昭25・委15）
  - ○ 無線従事者国家試験及び免許規則（昭33・郵28）
- 電波法関係手数料令（昭33・政307）
- ◉ 電波法第4条第2項の公衆通信業務の範囲等を定める政令（昭28・政178）
- ○ 無線機器型式検定規則（昭36・郵40）
  - ○ 無線局運用規則（昭25・委17）
  - ○ 無線設備規則（昭25・委18）
  - ○ 無線局（放送局を除く）の開設の根本的基準（昭25・委12）
- ○ 超短波放送に関する送信の標準方式（昭47・郵25）
- ○ テレビジョン放送に関する送信の標準方式（昭35・郵9）
  - ○ 放送局の開設の根本的基準（昭25・委21）

◎ 放送法 ──────── ⦿ 放送法施行令 ──────── ○ 放送法施行規則
　(昭 25・法 132)　　　　(昭 25・政 163)　　　　　(昭 25・委 10)
◎ 有線電気通信法 ──── ⦿ 有線電気通信法施行令 ── ○ 有線電気通信法施行規則
　(昭 28・法 96)　　　　(昭 28・政 130)　　　　　(昭 28・郵 36)
　　　　　　　　　　　⦿ 有線電気通信設備令 ──── ○ 有線電気通信設備令施行規則
　　　　　　　　　　　　(昭 28・政 131)　　　　　(昭 46・郵 2)
◎ 有線ラジオ放送業 ── ⦿ 有線放送業務の運用の規 ── ○ 有線放送業務の運用の規正
　務の運用の規正に　　　正に関する法律の施行期　　　に関する法律を施行する規則
　関する法律　　　　　　日を定める政令　　　　　　(電波管理委員会規則)
　(昭 26・法 135)　　　(昭 26・政 94)　　　　　　(昭 26・委 3)
◎ 有線放送電話に関 ──────────────────── ○ 有線放送電話規則
　する法律　　　　　　　　　　　　　　　　　　　　(昭 37・郵 17)
　(昭 32・法 152)

◎ 有線テレビジョン ── ⦿ 有線テレビジョン放送法 ── ○ 有線テレビジョン放送法施行
　放送法　　　　　　　　施行令　　　　　　　　　　規則
　(昭 47・法 114)　　　(昭 47・政 441)　　　　　　(昭 47・郵 40)

表 9.2 電気通信事業の経営および利用サービスに関する法令 (抜粋)

◎ 日本電信電話株式 ── ⦿ 日本電信電話株式会社法 ── ○ 日本電信電話株式会社法施行
　会社法　　　　　　　　施行令　　　　　　　　　　規則
　(昭 59・法 85)　　　　(昭 60・政 30)　　　　　　(昭 60・総 23)
◎ 電気通信事業法 ──── ⦿ 電気通信事業法施行令 ──┬ ○ 電気通信事業法施行規則
　(昭 59・法 86)　　　　(昭 60・政 75)　　　　　│　(昭 60・総 25)
　　告　　示　　　　　　　　　　　　　　　　　　├ ○ 電気通信事業会計規則
　┌─────────────────────────────┐　　　　　│　(昭 60・総 26)
　│□ 工事担任者の養成課程の実施要目を定める件 │　　　├ ○ 電気通信主任技術者規則
　│　(昭 60・総告 225)　　　　　　　　　　　　│　　　│　(昭 60・総 27)
　│□ 工事担任者の学校等の認定の基準を定める件 │　　　├ ○ 工事担任者規則
　│　(昭 60・総告 227)　　　　　　　　　　　　│　　　│　(昭 60・総 28)
　│□ 事業用電気通信設備規則の細目を定める件　│　　　├ ○ 端末機器の技術基準適合認定
　│　(昭 60・総告 228)　　　　　　　　　　　　│　　　│　に関する規則
　│□ 通話品質の測定方法を定める件　　　　　　│　　　│　(昭 60・総 29)
　│　(昭 60・総告 229)　　　　　　　　　　　　│　　　├ ○ 事業用電気通信設備規則
　│□ 電気通信主任技術者選任の範囲を定める件　│　　　│　(昭 60・総 30)
　│　(昭 60・総告 231)　　　　　　　　　　　　│　　　└ ○ 端末設備等規則
　│□ 電気通信主任技術者養成課程の実施要目を定める件│　(昭 60・総 31)
　│　(昭 60・総告 232)　　　　　　　　　　　　│
　└─────────────────────────────┘

9.1 電 波 法

　無線通信に利用できる電波の周波数には限りがあるが，それに対する電波の利用は年々拡大されており，これを最も公平に，能率的に使用し，混信などの障害を排除するためには，電波の利用について規律および監督が必要となって

くる。このように,電波の利用を規律する国内法規として制定されたのが**電波法**(制定 昭25・法131)である。

この法律は,電波の一般的な利用関係について規定した基本法で,特別な利用関係については**放送法**をはじめ関連法令が制定されている。以下,電波法の内容は,概要つぎのとおりである。

（a） **目的および定義**　この法律は,電波の公平かつ能率的な利用を確保することによって公共の福祉を増進することを**目的（第1条）**としたものである。この法律および関係政省令の規定に使用される用語の**定義（第2条）**のおもなものを挙げる。

① **電　波**（2の一）　300万メガヘルツ（3×10^6 MHz）以下の電磁波をいう。

（注）「周波数表示および周波数帯の区分」(施行規則第4条の3の二)は**表9.3**のとおりである。

表 9.3　周波数表示および周波数帯の区分

周波数帯の周波数の範囲	周波数帯の番号	周波数帯の略称	メートルによる区分
3 kHz超過　30 kHz 以下	4	VLF	ミリアメートル波
30 kHz 〃　300 kHz 〃	5	LF	キロメートル波
300 kHz 〃　3 000 kHz 〃	6	MF	ヘクトメートル波
3 MHz 〃　30 MHz 〃	7	HF	デカメートル波
30 MHz 〃　300 MHz 〃	8	VHF	メートル波
300 MHz 〃　3 000 MHz 〃	9	UHF	デシメートル波
3 GHz 〃　30 GHz 〃	10	SHF	センチメートル波
30 GHz 〃　300 GHz 〃	11	EHF	ミリメートル波
300 GHz 〃　3 000 GHz 〃 (3 THz)	12		デシミリメートル波

（注）「周波数帯」(運用規則第2条の三〜五)はつぎのように分類する。
① 中波帯（285〜535 kHz），② 中短波帯（1 605〜4 000 kHz），③ 短波帯（4 000〜25 110 kHz）

② **無線電信**（2の二）　電波を利用して,符号の送信,受信をする設備。
③ **無線電話**（2の三）　電波を利用して,音声等の送信,受信をする設備。
④ **無線設備**（2の四）　無線電信,電話その他電波を送信,受信する設備。
⑤ **無線局**（2の五）　無線設備,同操作者の総体。受信設備のみは除く。

表 9.4 無線局の種別

一	(1) 放送局 (2) 放送試験局			五 移動局	(1) 船舶局 (2) 遭難自動通報局 (3) 陸上移動局 (4) 航空機局 (5) 携帯局 (6) 船上移動局 (7) その他の移動局	七	実験局
二	(1) 非常局 (2) 簡易無線局 (3) 構内無線局 (4) 気象援助局 (5) 標準周波数局 (6) 特別業務の局					八	アマチュア局
三	固定局	(1) 航空局 (2) その他の固定局				九 宇宙局	(1) 放送衛星局 (2) 放送衛星試験局 (3) 上記以外の人工衛星局 (4) その他の宇宙局
四	陸上局	(1) 海岸局 (2) 基地局 (3) 航空局 (4) 携帯基地局 (5) 無線呼出局 (6) 陸上移動中継局 (7) その他の陸上局		六 無線測位局	(1) 無線方向探知局 (2) 無線標識局 (3) 無線航行陸上局 (4) 無線航行移動局 (5) 無線標定陸上局 (6) 無線標定移動局 (7) その他の無線測位局	十 地球局	(1) 海岸地球局 (2) 航空地球局 (3) 基地地球局 (4) 船舶地球局 (5) 航空機地球局 (6) 陸上移動地球局 (7) その他の地球局

（注）無線局の種別（施行規則第4条の一〜二十九）は**表 9.4**のようである。

⑥ **無線従事者**（2の六）　無線設備操作者であって，総務大臣の免許を受けたもの．

（注）「**無線従事者の資格の種別**」（法第40条）（免許規則第13条の14）はつぎのとおりである．

　　　一　無線従事者（総合）　イ　第一級総合無線通信士
　　　　　　　　　　　　　　　ロ　第二級総合無線通信士
　　　　　　　　　　　　　　　ハ　第三級総合無線通信士
　　　二　無線従事者（海上）　イ　第一級海上無線通信士
　　　　　　　　　　　　　　　ロ　第二級海上無線通信士
　　　　　　　　　　　　　　　ハ　第三級海上無線通信士
　　　　　　　　　　　　　　　ニ　第四級海上無線通信士
　　　　　　　　　　　　　　　ホ　政令で定める海上特殊無線技士
　　　三　無線従事者（航空）　イ　航空無線通信士
　　　　　　　　　　　　　　　ロ　政令で定める航空特殊無線技士

四　無線従事者（陸上）　イ　第一級陸上無線技術士
　　　　　　　　　　　ロ　第二級陸上無線技術士
　　　　　　　　　　　ハ　政令で定める陸上特殊無線技士
五　無線従事者（アマチュア）　イ　第一級アマチュア無線技士
　　　　　　　　　　　　　　ロ　第二級アマチュア無線技士
　　　　　　　　　　　　　　ハ　第三級アマチュア無線技士
　　　　　　　　　　　　　　ニ　第四級アマチュア無線技士

（b）　無線従事者（法第4章，第39条～第51条，施行規則，操作範囲令，無線従事者規則）　無線従事者の資格ならびに操作範囲については，つぎのように規定している。

　無線設備の操作は，無線従事者または主任無線従事者でなければ行ってはいけない。無線従事者の資格は，通信士系統，技術士系統，特殊技士系統およびアマチュア技士系統があり，これらの資格を有する者の操作の範囲は，操作範囲令（政令）で定められている。

　無線従事者になろうとする者は，資格別に行う**無線従事者国家試験**に合格し，総務大臣の免許を受けなくてはならない（3か月以内）。無線局の免許人は，無線従事者を選任または解任したときは届け出なくてはならない。

（注）「無線従事者国家試験」（法第44条，無線従事者規則 第3条～第8条）
　第一級，第二級の通信士および技術士，第三級の総合通信士の試験は，予備試験と本試験に分けて行い，予備試験合格者または予備試験免除者でないと本試験は受験できない。
　予備試験の内容は，電気物理（第三級の場合は電気磁気），電気回路，半導体及び電子管，電子回路，電気磁気測定とする。
　本試験の科目は，無線工学，法規のほか種別によって電気通信術，英語，地理が含まれる。
　予備試験の合格者または本試験の一部が合格した者は，翌年以後一定期間に限り予備試験ならびに本試験の一部が免除される。総務大臣の認定を受けた学校の卒業生は，予備試験ならびに本試験の一部が免除される。

9.2 放 送 法

放送とは,「公衆によって直接受信されることを目的とする無線通信の送信」をいい,電波を媒介として行われるものであるから,放送局の免許,運用および監督などについては電波法の規制対象となる。放送が電波を利用した情報伝達の媒体としての特殊性にかんがみ,これの規律を定めたものが放送法(制定昭25・法132)である。

この法律の**目的**は,つぎのような原則に従って,放送を公共の福祉に適合するように規制し,その健全な発達を図ることである。
 (1) 放送が国民に最大限に普及されて,その効用をもたらすことを保障すること。
 (2) 放送の不偏不党,真実および自律を保障することによって,放送による表現の自由を確保すること。
 (3) 放送に携わる者の職責を明らかにすることによって,放送が健全な民主主義の発達に資するようにすること。

この法律のおもな内容は,第1章で放送番組編集の自由,訂正放送などや再放送規制について規定し,第2章で**日本放送協会**(略称 NHK または協会)の目的,業務,組織,受信契約および受信料,経理,放送番組の編集,放送番組審議会,監督事項その他運営に関する事項について規定し,第3章で**一般放送事業者**(NHK 以外の事業者)の放送番組の編集,番組審議機関,広告放送,監督事項その他準用条項について規定している。

9.3 電気通信事業法

わが国の公衆電気通信事業は,明治2(1869)年,電信業務の創業以来,国(政府)または公共企業体(電電公社)および特殊会社(国際電信電話株式会社,略称 KDD)によって法的独占の体制で運営されてきたが,昭和59年に電気通信改革三法(または**電電改革三法**)が公布され,昭和60年4月から電

気通信事業は民間企業に開放され，競争原理を基調とする新制度に移行した。

ここで電気通信改革三法とは，電気通信事業法，日本電信電話株式会社法，日本電信電話株式会社法および電気通信事業法の施行に伴う関係法令の整備などに関する法律（略称 電電改革整備法）を指している。

電気通信事業法（制定 昭59・法86）は，電気通信事業の運営を適正かつ合理的なものとすることにより，電気通信役務の円滑な提供を確保するとともにその利用者の利益を保護し，もって電気通信の健全な発達および国民の利便の確保を図り，公共の福祉を増進することを**目的（第1条）**としている。またこの法律は，性格的には電気通信事業者に対する公益事業規制を中心とした事業法で，事業経営上の許・認可，届出など国の監督規定ならびに電気通信設備にかかわる技術基準の維持義務，**電気通信主任技術者**の選任および**工事担任者**による施工規定など電気事業法の法構成と類似している点が多い。

（**a**） **電気通信事業の定義と種類**　　電気通信事業とは，**電気通信役務**（通信を媒介させたり，通信施設を利用させる業務）を他人の需要に応ずるために提供する事業をいい，事業内容によって次表のように分類されている。

種　類		内　容
第一種電気通信事業 （略称 第一種事業）		電気通信回線設備を設置して電気通信役務を提供する事業。NTT，KDDおよび新設の第二電電（株）など
第二種電気通信事業 （略称 第二種事業）	特別	付加価値通信網（略称 VAN）を扱う業務で，当該規模が政令†で定めた基準を超える規模および本邦外の場所との間の通信を行うための設備を供する事業
	一般	特別第二種事業以外の事業

†(注)　政令で定めた基準は，電気通信事業法施行令第1条 1 200 bps（ビット毎秒）換算で500回線以上をいう。

（**b**） **事業の経営および業務に関する規制**　　電気通信事業を営もうとする者は，第一種事業は総務大臣の許可制，特別第二種事業は登録制，一般第二種事業は届出制になっている。

（**1**）　第一種事業者については電気通信役務に関する契約約款を定め，認可を受け，これを掲示しなければならない。その他役務の提供義務，会計の整理

の基準，通信の秘密の確保義務，第一種事業者間の通信設備の接続認可などについての規定がある。

（２）　特別第二種事業者については，契約約款を届け出て，これを掲示しなければならない。その他通信の秘密の確保など第二種事業者に対する業務上の監督規定がある。

（ｃ）　**電気通信設備に関する規制**　　第一種および特別第二種事業者用設備については「事業用電気通信設備規則（総・30）」で定めた技術基準を維持しなければならない。また，設備の工事，維持および監督をするために**電気通信主任技術者**（略称　主任技術者）を選任しなければならない。

（ｄ）　**電気通信主任技術者資格に関する規定**　　「主任技術者資格者証」は「電気通信主任技術者規則（総・27）」により次表の3種類がある。

種　　類	内　　　　容
第一種伝送交換主任技術者	第一種事業者の伝送交換設備の設計，管理などを監督するための主任技術者で，伝送設備，交換設備，無線設備（衛星を含む），データ通信設備，電力設備などに関するシステムエンジニヤの職能に該当する資格
第二種伝送交換主任技術者	特別第二種事業者のネットワークの設計，管理などを監督するための主任技術者。第一種同様システムエンジニヤとしての職能および一般のVANサービスなどの職域にも該当する資格
線路主任技術者	第一種事業者の線路設備（光ファイバ，海底ケーブルなども含む）の設計，管理などを監督するための主任技術者

　主任技術者資格者証の交付を受けるには，①電気通信主任技術者試験（国家試験）合格者，②総務大臣の認定を受けた養成課程の修了者，③上記と同等以上の知識と能力を有する者，以上のいずれかに該当する者となっている。なお，国家試験の受験資格は，学歴，年齢，経験年数などを問わない。また，学歴（認定校の通信工学関係学科卒業）と実務経験によって試験科目（4科目）のうち条件により最高3科目まで免除される。

（ｅ）　**端末設備に関する規定**　　第一種事業者は，利用者または他の事業者から，端末設備または自営電気通信設備を電気通信回線設備に接続する請求があったときは原則として拒むことができない。

総務大臣は，申請により「端末機器等規則（総・31）」で定めた端末機器の技術基準適合認定を行い，認定を受けた端末機器はその旨の表示を付すことになっている。また，端末機器を利用者が接続する場合は第一種事業者の検査を受けなくてはならない。

　端末設備または自営電気通信設備の接続をする場合は，**工事担任者**により工事を行わせ，または実地に監督をさせなければならない。

　（f）　工事担任者資格に関する規定　　工事担任者は，工事の従事者資格と無資格者の工事を実地で監督する資格とを併せ持つ資格者で，付与される**工事担任者資格者証**は「工事担任者規則（総・28）」によりつぎの種類がある。

種　　類	工　事　の　範　囲
アナログ第一種	アナログ伝送路設備に端末設備などを接続するための工事
アナログ第二種	同上（ただし，電気通信回線数が50以下で内線の数が200以下のもの）
アナログ第三種	同上（ただし，端末設備に収容される電気通信回線の数が1のもの）
デジタル第一種	デジタル伝送路設備に端末設備などを接続するための工事ならびにアナログ第三種の工事の範囲に属する工事
デジタル第二種	同上（ただし，伝送路設備は回路交換方式によるものに限る）

　工事担任者資格者証の交付を受けるには，①　工事担任者試験（国家試験）合格者，②　総務大臣認定の養成課程の修了者，③　上記と同等以上の知識と技能を有する者，のいずれかに該当する者となっている。なお，国家試験の受験資格は学歴，年齢，経験年数などを問わない。また認定校で指定学科を卒業した者は「電気通信技術の基礎」の試験科目が免除される。

施設管理編

第1章 総論

1.1 電気施設管理ならびに電気設備工学の意義と関係法令

　電気施設管理の意義は，電気施設を設置し，運転しあるいは保守をして，その機能を十分発揮させ，豊富，低廉，良質の電気を安全に供給し，消費することである。したがって電気施設管理は，電気施設個々の管理というより，全体を総合したものの管理が目的である。このように，電気施設管理は技術的，経済的な分野を包含する幅広い専門知識が要求される学問といえるが，近年，このような学際的な研究を目的とする学問体系も成熟しつつあり，例えば「電気設備工学」のように電気工学を中核として，機械，建設，情報工学，環境工学などの分野を横断するような学術を専門分野とした工学が誕生し，電気施設管理の学術的支柱の一つとして発展を遂げようとしている。

　電気施設管理で学ぶ事柄はつぎのとおりである。
（1）　目的を十分理解すること　　電力と民生，産業との関連性，エネルギー資源としての電力の役割，これから電力の価値の認識，また電気施設・電気事業の特性も理解する。

142　　第1章　総　　　論

(2) 技術的特性を十分に理解すること　電力系統の構成と，合理的な運転・保守または施設の拡充などを学習する。
(3) 電気事業経理に関する特性を理解すること　電気施設管理の手段となる会計制度および料金制度について理解する。
(4) 法令との関連性について理解すること　特に保安の維持・公益性の強調について法令をよく理解する。
(5) 需要者側としての電気施設の保守管理のあり方を理解すること

【関係法令】
(1) 電気事業全般にわたるもの：電気事業法および同政省令
(2) 需要家（電気使用者）の保安に関するもの：電気事業法および同政省令，電気工事士法，電気工事業法（略称）
(3) 電力の安定供給に関するもの：電源三法（略称），石油代替エネルギー法（略称），省エネルギー法（略称）
(4) 電気機械器具の安全に関するもの：電気用品安全法，製造物責任法
(5) 計測および単位に関するもの：計量法，工業標準化法
(6) その他関連法令（電気法規編参照）：環境関係法令，消防関係法令，原子力関係法令，建設関係法令

1.2　電気事業およびその特性

わが国における電気事業者数は**表1.1**のとおりで，供給形態によって一般電気事業者，卸電気事業者（卸供給事業者を含む）特定電気事業者および小売電気事業者に大別される。

1.2.1　一般電気事業者

一般電気事業者は，昭和25（1950）年の電気事業再編成令（政342）および公益事業令（政343）によって，従来は別々に運営していた発送電事業と配電事業を再編成することになり，法律の制定によらず，わが国を9ブロックに分

1.2 電気事業およびその特性

表 1.1 電気事業者数および事業用発電設備　　　（平成 21(2009)年現在）

事業者 \ 区分		電気事業者数	発電設備〔MW〕 水力	火力	原子力	その他	合計〔MW〕
一般電気事業者		10	(1 162) 34 888	(171) 121 967	(15) 45 318	(5) 4	(1 353) 202 177
卸電気事業者	電源開発（株）	1	(59) 8 560	(8) 7 825	—	—	(67) 16 385
	公営電気事業者	29	(286) 2 483	(1) 25	—	—	(287) 25 000
	共同発電事業者	10	(9) 79	(13) 9 206	—	—	(22) 9 285
	日本原子力発電（株）	1	—	—	(2) 2 617	—	(2) 2 617
	その他の事業者	6	(69) 264	(1) 250	—	—	(70) 514
	（卸事業者小計）	47	(423) 11 386	(23) 17 306	(2) 2 617	—	(448) 31 309
特定電気事業者		5	(2) 1	(4) 282	—	—	(6) 283
特定規模電気事業者		26	—	—	—	—	〔MWh〕 14541.267

(注) 1.（ ）内は発電所数を示す。2.火力欄は地熱を含む。3.その他欄は太陽光, 燃料電池, 風力を含む。4.その他の事業者は, 電気事業法第 2 条第三号が適用される事業者に限られる。(表 1.4 参照) 5.特定規模電気事業者（合計 26 社）は, 改正電気事業法における小売電気事業者（合計 293 社）の中に含まれるので, この数値は参考値である。

割して発送配電一貫経営の電力会社を発足することとなった。この電力会社の供給区域は現在まで継続している。その後, 昭和 51（1976）年に沖縄電力（株）が加わり 10 電力会社となった。**(表 1.2)**

1.2.2 卸電気事業者

(1) 電源開発株式会社　　設立：昭和 27 年 9 月, 民営移管（株式上場）：平成 16（2004）年 10 月, 資本金：1 524 億円

（発電設備）　発電所数：水力 59 箇所, 火力 7 箇所, 地熱 1 箇所, 合計 67 箇所
　　　　最大出力：水力 8 550 500 kW, 火力 7 812 000 kW, 地熱 12 500 kW,
　　　　　　合計 16 385 000 kW

（送電設備）　電線路こう長：架空　2 290 km, 地中　114 km

表 1.2 一般電気事業者（電力会社）一覧表　　　（平成 21（2009）年現在）

電力会社	資本金〔100万円〕	発電所数および出力〔MW〕			需要家数〔1 000 口〕	販売電力量〔100万kWh〕／売上高〔100万円〕
北海道	114 291	水　力	(53)	1 231	3 919	31 839
		火力(地熱分)	(12(1))	4 115(50)		
		原子力	(1)	1 158		573 019
東　北	251 441	水　力	(210)	2 422	7 665	81 101
		火力(地熱分)	(17(4))	11 103(224)		
		原子力	(2)	3 274		1 652 189
東　京	676 434	水　力	(160)	8 986	28 316	288 956
		火力(地熱分)	(26(1))	37 686(3)		
		原子力	(3)	17 308		5 554 246
		風　力	(1)	1		
中　部	430 777	水　力	(182)	5 219	10 443	129 734
		火　力	(11)	23 904		
		原子力	(1)	3 504		23 006
北　陸	117 641	水　力	(115)	1 816	2 082	28 154
		火　力	(6)	4 400		
		原子力	(1)	1 746		511 809
関　西	489 320	水　力	(148)	8 190	13 337	145 867
		火　力	(12)	15 907		
		原子力	(3)	9 768		2 499 215
中　国	185 527	水　力	(97)	2 905	5 191	61 222
		火　力	(12)	7 641		
		原子力	(1)	1 280		1 076 061
四　国	145 551	水　力	(58)	1 141	2 835	28 701
		火　力	(4)	3 501		
		原子力	(1)	2 022		570 672
		風力・太陽光	(2)	1		
九　州	237 304	水　力	(139)	2 977	8 380	855 883
		火力(地熱分)	(50(5))	11 785(208)		
		原子力	(2)	5 258		1 400 792
		風　力	(2)	3		
沖　縄	7 586	火　力	(22)	1 916	816	7 476
						160 969
10 電力合計		水　力	(1 162)	34 888	82 983	888 935
		火力(地熱分)	(171(11))	121 967		
		原子力	(15)	45 318		16 299 604
		風力・太陽光	(5)	4		
		合　計	(1 353)	202 177		

1.2 電気事業およびその特性　　145

（変電設備）　変電所数：3箇所，認可出力：4 292 000 kVA
　　　　　　　変換所数：周波数　1箇所，認可出力：300 000 kW
　　　　　　　　　　　　交　直　4箇所　認可出力：2 000 000 kW

（2）　公営電気事業者（**表1.3**）　　都道府県および市が事業者となり，主として水力発電事業を行っていたが，平成9年度から火力発電事業も始

表 1.3　公営電気事業者一覧表　　　　　　　（平成 21（2009）年現在）

事業者名	電気事業許可年月	資本金〔100万円〕	発電所数および最大出力〔kW〕		主な供給先
北　海　道	昭27.3	22 389	水力　（8）	70 940	北海道電力
秋　田　県	31.2	23 872	〃　（15）	110 200	東北電力
岩　手　県	31.3	30 050	〃　（13）	143 150	〃
山　形　県	27.7	20 597	〃　（13）	85 800	〃
新　潟　県	27.7	48 017	〃　（11）	132 300	〃
栃　木　県	31.1	14 152	〃　（9）	63 900	東京電力
群　馬　県	31.4	55 531	〃　（30） 火力（1）	22 000 25 000	〃
東　京　都	32.5	2 413	水力（3）	36 500	〃
神奈川県	13.11	46 181	〃　（12）	354 630	〃
山　梨　県	31.9	25 664	〃		〃
長　野　県	32.1	23 274	〃　（14）	99 050	中部電力
三　重　県	27.7	17 470	〃　（10）	98 000	〃
富　山　県	30.1	25 660	〃　（15）	131 970	北陸電力
石　川　県	36.12	8 323	〃　（5）	36 100	〃
金　沢　市	38.1	7 402	〃　（5）	33 030	〃
福　井　県	31.1	13 072	〃　（6）	50 000	〃
京　都　府	34.12	2 498	〃　（1）	11 000	関西電力
兵　庫　県	32.10	1 888	〃　（1）	5 000	〃
岡　山　県	27.3	19 348	〃　（18）	61 430	中国電力
鳥　取　県	27.3	11 162	〃　（7）	36 300	〃
島　根　県	27.7	7 142	〃　（12）	27 250	〃
山　口　県	28.5	11 672	〃　（10）	51 440	〃
徳　島　県	27.3	18 030	〃　（4）	87 400	四国電力
愛　媛　県	27.3	15 660	〃　（8）	67 000	〃
高　知　県	27.7	8 515	〃　（3）	39 200	〃
福　岡　県	34.12	3 232	〃　（3）	14 050	九州電力
大　分　県	24.12	14 204	〃　（12）	70 280	〃
熊　本　県	29.5	12 573	〃　（8）	72 400	〃
宮　崎　県	13.9	34 309	〃　（12）	158 000	〃
計 29 事業者	──	**544 300**	水力（286） 火力（1）	2 482 871 25 000	──

められた。

(3) 日本原子力発電株式会社　設立：昭和32年11月，資本金：1 200億円，発電設備出力（表1.1）

(4) 共同発電事業者（**表1.4**）　電力会社と石炭会社（炭鉱業）または電力多消費企業との共同出資によって設立されたものである。

　事業者数：10，発電設備出力合計（表1.1）

(5) その他の卸電気事業者（表1.4）

　　事業者数：6，発電設備出力合計（表1.1）

表 1.4　共同発電事業者およびその他の卸電気事業者一覧表
（＊印はその他の卸電気事業者）　　　（平成21（2009）年現在）

事業者名	電気事業許可年月	資本金〔100万円〕	発電所数および最大出力〔kW〕		供給先
＊北海道パワーエンジニアリング	昭 43.12	1 660	火力	(1) 250 000	北海道電力
＊北海水力発電	60. 1	1 860	水力	(3) 7 900	北海道電力
酒田共同火力発電	49. 9	25 500	火力	(1) 700 000	東北電力
常磐共同火力	31. 2	56 000	〃	(1) 1 625 000	東北電力 東京電力
＊東星興業	31. 2	5 270	水力	(10) 29 800	東北電力
相馬共同火力発電	59. 4	112 800	火力	(1) 2 000 000	東北電力 東京電力
＊東京発電	30. 3	2 500	水力	(46) 136 455	東京電力
鹿島共同火力	45. 6	22 000	火力	(1) 700 000	東京電力 住友金属工業
君津共同火力	42. 9	8 500	〃	(1) 700 000	東京電力 新日本製鐵
＊黒部川電力	大 14. 4	3 000	水力	(5) 66 700	北陸電力 電気化学
＊日本海発電	昭 58. 3	6 500	〃	(5) 23 600	北陸電力
和歌山共同火力	37. 5	2 000	火力	(1) 306 000	関西電力 住友金属工業
瀬戸内共同火力	41. 2	5 000	〃	(2) 1 457 000	中国電力 JFEスチール
住友共同電力	大 7. 4	3 000	水力 火力	(9) 78 600 (3) 427 000	四国電力 住友化学他
戸畑共同火力	昭 43. 1	9 000	火力	(1) 781 000	九州電力 新日本製鐵
大分共同火力	45. 2	4 000	〃	(1) 510 000	九州電力 新日本製鐵
合計 16 社	——	268 590	水力 火力	(78) 343 055 (14) 9 456 000	

1.2.3 特定電気事業者

特定電気事業者—電気事業法第 2 条第六号の事業者（**表 1.5**）

事業者数：5，発電設備出力合計（表 1.1）

表 1.5 特定電気事業者一覧表　　　　　　　　　（平成 21（2009）年現在）

事業者名	電気事業許可年月	資本金〔100万円〕	発電所数および最大出力〔kW〕
諏訪エネルギーサービス（株）	平 9.6	360	火力 (1)　3 122
東 日 本 旅 客 鉄 道（株）	13.9	200 000	〃 (1)　198 400
六本木エネルギーサービス（株）	13.9	490	〃 (1)　38 660
住 友 共 同 電 力（株）	15.3	3 000	水力 (2)　1 071
Ｊ Ｆ Ｅ ス チ ー ル（株）	16.1	239 644	火力 (2)　42 000
合　計　5社	——	443 494	火力 (5)　282 182 水力 (2)　1 071

1.2.4 小売電気事業者および一般電気事業の変動

平成 28（2016）年に電気の小売業への参入が全面自由化され，広範な業界から電気事業に参入することが可能となり，消費者も電力会社を選択できるようになった。同時に一般の電力会社は発電事業者（届出制），送配電事業者（許可制），小売事業者（登録制）に三分割されて運営し，一般電気事業，特定規模電気事業といった電気の供給先に応じた事業区別は廃止された。

小売自由化後の「登録小売電気事業者」を，企業の形態別に分類して**表 1.6**

表 1.6 登録小売電気事業者一覧表　　　　　　　（平成 28（2016）年現在）

企業の業態別分類（主たる特色）	企業数合計
旧一般電気事業者（＊みなし小売電気事業者）	10
旧一般電気事業者の系列会社（既存電力会社の関連が中心）	9
現行主要新電力事業者（特定規模電気事業者からの移行会社）	21
通信・放送・鉄道関係事業者	32
石油関係事業者	9
LP ガス・都市ガス関係事業者	52
再生可能エネルギー関係事業者（太陽光発電を主力とする）	45
その他の参入事業者	115
登録小売電気事業者合計	293 社

（**注**）　＊旧一般電気事業者は既に電気供給事業の許可済のため，小売全面自由化と同時に登録事業者とみなされた。

に示す。

1.2.5 沖縄の電気事業者

第2次大戦後,沖縄本島では米国―民政府の特殊法人である琉球電力公社が発送電の業務を担当し,米軍基地,大口需要家および一般需要家に対する直接供給のほか,民営の5配電会社(沖縄配電,中央配電,松岡配電,比謝川配電,名護配電)に対して卸供給を行っていた。沖縄の本土復帰に伴い,昭和47(1972)年5月,特殊法人沖縄電力(株)が設立され,琉球電力公社の財産,権利,義務が承継された。当時の供給関係を図示するとつぎのようである。

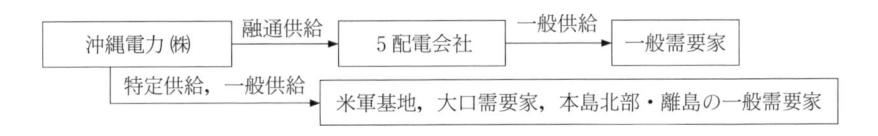

```
沖縄電力(株) ──融通供給──→ 5配電会社 ──一般供給──→ 一般需要家
        └──特定供給,一般供給──→ 米軍基地,大口需要家,本島北部・離島の一般需要家
```

このような供給形態は,電力,配電各社間における料金・サービスなどの不均衡,ならびに供給設備の設置に際して地域間の調整に難点があったため,供給体制の一元化が望まれていたが,昭和51年4月に沖縄電力(株)が5配電会社を吸収・合併してこれを実現した。さらに,昭和63年10月に沖縄電力(株)は特殊法人から民営に移管され,株式が公開されるようになった。これによって,沖縄の電気事業は本土の9電力会社と同様の経営形態となった。

なお,沖縄電力(株)は,地勢的関係から電源は火力発電が主体で,発電用燃料は石油およびLNGガスに依存している。

1.2.6 周波数分布

わが国電気事業の創業期には,各社とも供給区域が狭い地域に限定され,かつ配電系統が独立しており,主として直流100V方式を採用していた。やがて,供給区域の拡張とともに,負荷需要の多様化と大電力長距離輸送の必要性

から交流方式に移り,各社で 25, 40, 50, 60, 100, 125, 133 Hz などの周波数を任意に採用するようになった。その後,明治 29 (1896) 年に東京電灯がドイツ AEG 社製の 265 kW, 50 Hz の発電機を導入し,同 30 年には大阪電灯がアメリカ GE 社製の 750 kW, 60 Hz の発電機を導入した。これを契機として関東は 50 Hz,関西は 60 Hz を基準として順次統一され,今日のような周波数の分布となった。これらの周波数分布を示すと**図 1.1** のようである。

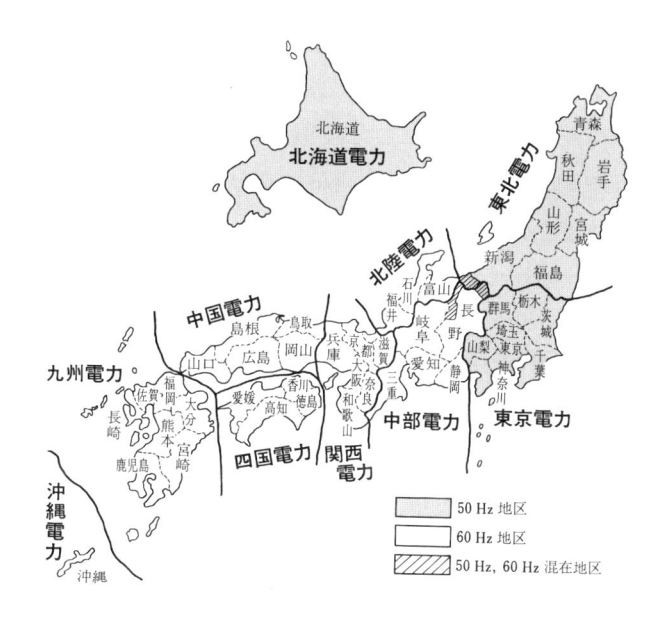

図 1.1　周波数分布図

（1）　**50 Hz 供給区域**：北海道電力,東北電力,東京電力管内

ただし,つぎの需要家の場合は電力会社より 60 Hz 供給のもの。
（イ）　**東北電力管内**　　新潟：中頸城郡（一般需要家の一部）,西頸城郡（一般需要家の一部）,佐渡市（佐渡島全域）
（ロ）　**東京電力管内**　　群馬：甘楽郡（1 事業所）,吾妻郡（一般需要家の一部ほか 2 事業所）,静岡：富士市（1 事業所）

（2）　**60 Hz 供給区域**：中部電力,北陸電力,関西電力,中国電力,四国電力,九州電力,沖縄電力管内

ただし，つぎの需要家の場合は電力会社より 50 Hz 供給のもの。
 （イ） 中部電力管内　　長野：大町市（2 事業所），北佐久郡（1 事業所），大町市，南安曇郡，北安曇郡，小諸市，飯山市，南佐久郡，下水内郡，下高井郡（一般需要家の一部）
 （ロ） 九州電力管内　　宮崎：延岡市（2 事業所），熊本：水俣市（1 事業所）

1.2.7　電気事業の特性

　電気事業は，商法第 502 条第三号で規定した「電気又ハ瓦斯ノ供給ニ関スル行為」を営業とする事業で，その実態は，全資産の 90％を超える固定資産を運用するサービス事業である。ここで取り扱う電気は，他の一般の商品とは著しく性質を異にしており，そのおもなものを挙げると，つぎのとおりである。
 （1）　電気は有物体ではないこと。
 （注）　法律上では，民法および刑法の規定によって電気を有物体と同格の扱いをしている。
 （2）　電気は危険性を伴うものであるから，その取扱いに特別な知識と注意を必要とすること。
 （3）　電気は貯蔵ができないこと。すなわち生産と消費が同時に行われていること。

　このような性質を持った電気を取り扱う電気事業は，他の販売業やサービス業とは異なった性格を持つものであり，これを経済的および技術的に見た場合，つぎのような特性がある。

（a）　経 済 的 特 性
（1）　公　益　性　　電気の利用は，電灯，動力，電熱，通信，化学工業など，産業と民生に普及発達し，日常生活にも，国民経済上にも欠くことのできないほど重要となっている。このように電気事業は，他のガス事業，水道事業，運輸事業などと比較しても一段と高い公益性を有している点が特色で，電気事業の経営にあたっては，社会的義務としての法的規制が加えられているわけである。
（2）　独　占　性　　電気供給施設は，多額の建設費を要し，料金原価に減

価償却費，金利，固定資産税などが含まれている。したがって，施設の活用によって送配電網の重複を避けるため地域独占が望ましい。

また，保守や営業関係の人員を集中化して分散を防ぐこと。送配電網の保安，通信への障害防止などのためにも地域独占が必要となる。これらの反面，電力コスト引下げ努力の不足，電気の質の低下などサービス低下，あるいはサービスの不公平が生ずることを防止するために法律で規制している。

（b）技術的特性

（1）危険性　電気はその性質上，感電や漏電などによる危険性を有しており，電気施設の維持や運用に際しては，絶縁，接地，その他の障害防止などに適切な保安対策が必要である。この対策が不完全であると，火災，感電，機器破壊などの原因となり，このほか，電磁誘導，静電誘導などによっても上記のような事故や，通信機能に障害を与えることがある。このような電気工作物および電気機器の保安に関しては電気事業法，電気用品安全法，その他関係法令によって厳しく規制されている。

（2）需給の同時性　電気はエネルギーの形で貯蔵することは困難で，原理上間接的に貯蔵できても経済的には大量に貯蔵することは不可能といえよう。したがって，電力の発生と消費とはつねに同時に行われていると考えられ，生産（発電），輸送（送電），配給（配電），消費（需要）が同時であるため，これらの各部分の施設はつねに電気的に結合されてなくてはならない。また，このように電気的に結合されている結果，電力系統では一部の故障などによって系統全体の機能に影響を及ぼし，停電や電圧・周波数の低下を生ずることがある。また需給の同時性という特性は，供給設備をピーク負荷時の需要に対応できるように設備しなくてはならないので，オフピーク負荷時においては，供給設備の何パーセントかは非稼動状態となる。したがって，設備の運用の経済性が経営の重要なポイントとなる。

【参考資料】　電気を物体とみなした法的根拠とその経緯

1．電気を物体とみなした法律

電気事業は全資産の 90 % を超える固定資産を運用するサービス事業であるが，こ

こで取り扱う電気を商品とみなしている点が，一般の商取引を行う事業からみると特異な事業といえよう。

物理的な定義に従えば，電気は"物体"でないことは明らかであるが，電気エネルギーを光，熱，動力などに変換して仕事を行わせる以上，その価値の存在も明らかで，これが法律上の財物に当たるという論拠の一つと考えられるもので，今日では別段疑義をさしはさむ者はいないが，電気事業の創業時代，すなわち明治20年〜30年代（1880年〜1900年ごろ）は，電気事業に関する政省令は公布されていたが，その背景となる法律が整備されていなかったため，後述のような「電気盗用事件」が発生し，電気の本質論まで法廷で争われるという事態が起こった。

ちなみに現行法律では，つぎのように規定して電気を有物体と同格の扱いをしている（施設管理編1.2.6項参照）。

民　　法　第1編　総則，第3章　物
第 85 条　本法ニ於テ物トハ有物体ヲ謂フ。
刑　　法　第2編　罪，第36章　窃盗及ヒ強盗ノ罪
第235条　他人ノ財物ヲ窃取シタル者ハ窃盗ノ罪ト為シ 10年以下ノ懲役ニ処ス。
第245条　本章ノ罪ニ就テハ電気ハ之ヲ財物ト看做ス。

2.　電気盗用事件のあらまし

明治40年公布の刑法において，第36章の末尾に第245条が加えられたのは，明治34年に発生した「電気盗用事件」にかかわる大審院の判例がその根拠となったものである。

この事件は，横浜市在住の藤村という者が，吉田という電気職（現在の電気工事業者）と共謀して横浜共同電灯会社〔後の横浜電気会社，現在の東京電力（株）〕の配電線から無断で分岐して引き込み，電灯，呼鈴その他の負荷に擅用（盗用）して発覚したもので，明治34（1901）年11月には同社は横浜地方裁判所に窃盗罪として告訴した。

翌35年7月，同地裁は両被告に対し重禁錮3ヵ月，監視6ヵ月に処する旨の判決を言い渡したが，被告側はこれを不服として翌36年，東京控訴院（現在の東京高等裁判所）に控訴した。

控訴院では，時の物理学の泰斗，田中館愛橘博士に鑑定を委託したところ，同博士は「電気はエーテルの振動現象であり有体物にあらず」と証言をしたため，裁判所はこの説を受けて「窃盗とは他人の財産を盗んだものを言っているのに，電流は形態がなく，他に移動することは不可能であるから財産ではない。よって当該罰則は法文上適用できない。」として逆転，無罪の判決を下した。しかし電灯会社側はただちに大審院（現在の最高裁判所）に上告した。

1.2 電気事業およびその特性   153

明治36年5月に大審院ではつぎのような解釈を示し,再度逆転して被告は有罪となった。

(大審院判決要旨)

「刑法では一般的に物の定義を与えておらず,また窃盗の目的となるような物の範囲も限定していない。窃盗罪とは,基本的には窃盗の目的物が存在した場合に成立するもので,これに該当しないものは一般に窃盗罪の対象とならない。そこで,当該のものが窃盗罪の対象となるか否かの区別は,そのものの可動性および管理可能性の有無が唯一の標準となる。

電気の場合は有体物ではないが,身体の五官の一部でこれを認識できるし,これを容器に収容したり蓄積して移動することも可能であるから,可動性と管理可能性のいずれも備えており,窃盗罪の成立に必要な窃取の要件を充たしている。よって,他人の所有する電流を不法に奪った者は窃盗罪の犯人として処罰される。」

3. **法的定義の確立**

この事件は,電気という物理現象を刑法上どのように解釈するかという点が,当時の法曹界の重要テーマとして論議を呼んだというが,この判例を受けて,明治40年公布の改正刑法において,第245条で"電気ハ財物ト看做ス"と明文化され,電気の擅用に対しては窃盗罪が適用されるようになった。

今日では,上記のように電気事業者の電流所有権が明確に規定されると同時に,電気料金に関しては電気事業法第19条（供給約款）の規定に従い,電力〔kW〕,電力量〔kWh〕などの計量単位によって料金率が定められるようになっており,法的にも商取引のルールが確立しているので問題はない。

参　考　資　料

1) 東京電燈株式会社開業五十年史
2) 石井研堂：少年工芸文庫「電燈の巻」
3) 団藤重光：注釈刑法（6），各則（4）（有斐閣版）

1.3　わが国電気事業の現況

1.3.1　電力需要実績

わが国の電力需要は図1.2のように年々増加の傾向をたどってきたが,その伸び率（対前年度需要電力量の増加分の割合）は第2次大戦後の混乱期を除き,昭和26年以後は15％を超過することも何度かあったが,40年代後半以後は,社会情勢の変化に伴って生産活動が停滞し,大口需要家の需要の伸びが

第1章 総　　　論

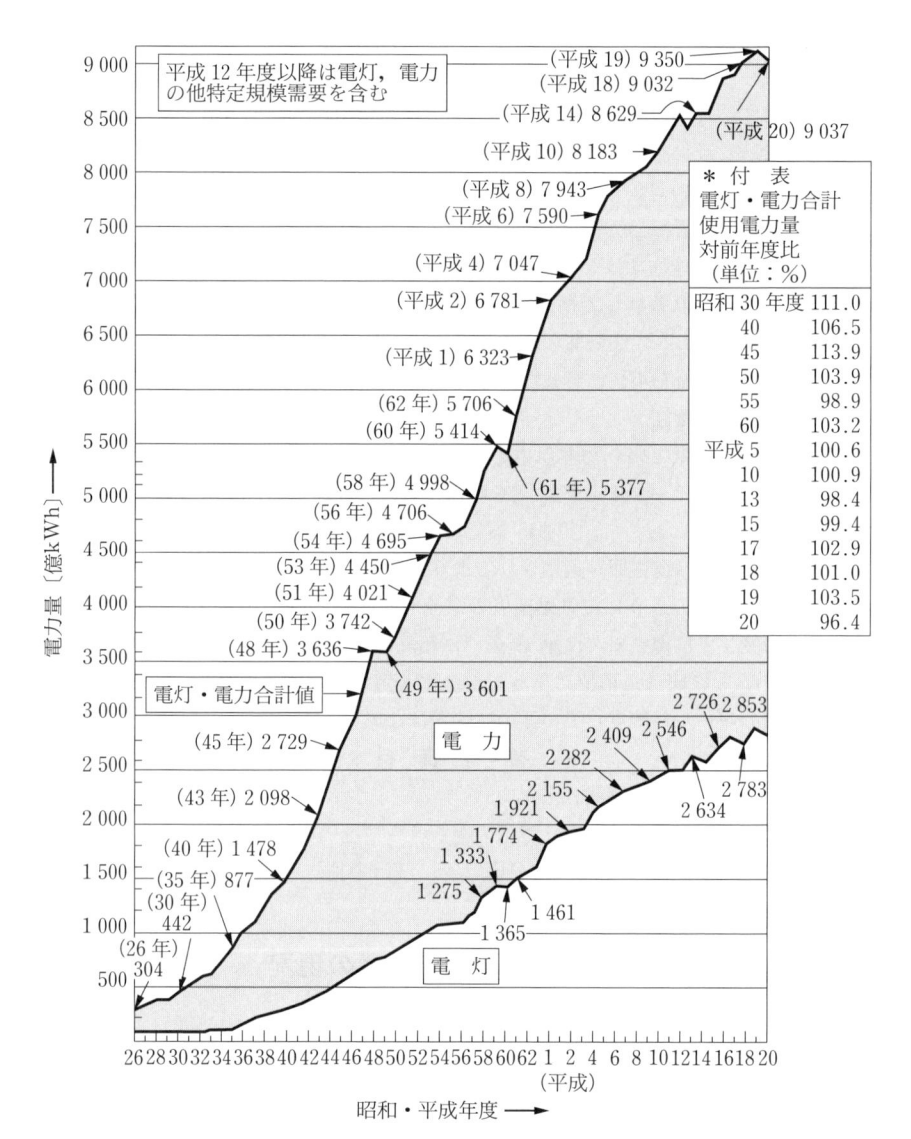

図 1.2　電灯電力別・電気事業者販売電力量の推移

年度	電灯・電力合計 使用電力量 対前年度比 (単位：％)
昭和 30 年度	111.0
40	106.5
45	113.9
50	103.9
55	98.9
60	103.2
平成 5	100.6
10	100.9
13	98.4
15	99.4
17	102.9
18	101.0
19	103.5
20	96.4

平成 12 年度以降は電灯，電力の他特定規模需要を含む

電灯・電力合計値データ点〔億kWh〕：
(26年) 304, (30年) 442, (35年) 877, (40年) 1478, (43年) 2098, (45年) 2729, (48年) 3636, (49年) 3601, (50年) 3742, (51年) 4021, (53年) 4450, (54年) 4695, (56年) 4706, (58年) 4998, (60年) 5414, (61年) 5377, (62年) 5706, (平成1) 6323, (平成2) 6781, (平成4) 7047, (平成6) 7590, (平成8) 7943, (平成10) 8183, (平成14) 8629, (平成18) 9032, (平成19) 9350, (平成20) 9037

電力データ点：1 275, 1 333, 1 461, 1 774, 1 921, 2 155, 2 282, 2 409, 2 546, 2 634, 2 726, 2 783, 2 853

電灯データ点：1 365

1.2 電気事業およびその特性

低下したことが影響して，総需要の対前年度伸び率がマイナスとなった年度もある。昭和50〜54年度間の平均伸び率は4.3％増で，55年度以降は，自家発電需要の伸びは順調で，一般電気事業者からの供給分とともにいずれも年平均4％台を維持している。平成4（1992）年ごろから社会的な景気後退の現象に

表 1.7 電灯電力需要実績　　　　　　　　　　　　　（単位：100万kWh）

項目 年度	電気事業者						自家発自家消費電力量	合計
	電灯	電力	特定規模需要	特定供給	自家消費	計		
昭和20	2 608	11 612	—			14 220	2 199	16 419
26	6 640	24 584	—			30 648	6 416	37 064
30	7 758	36 478	—			44 237	8 908	53 144
40	28 324	119 495	—			147 819	21 002	168 821
50	82 421	291 850	—			374 271	54 064	428 335
60	133 303	408 091	—			541 394	57 912	599 306
平成2	177 419	500 712	—			678 131	87 471	765 602
7	224 650	551 861	—			776 511	105 048	881 559
12	254 592	363 594	239 891	—		858 078	123 988	982 066
17	281 294	52 827	559 654	17 401	7 088	918 265	125 535	1 043 800
19	289 728	49 743	595 564	16 791	7 835	959 661	117 831	1 077 492
20	285 258	46 757	571 691	12 122	9 696	925 503	110 029	△1 035 532

（注）① △印は前年度より減少した年度の数値。（表中平成20年度が該当。約16〜17年度に相当）
　　② 昭和26年度以降の「電気事業者」は一般電気事業者及び卸電気事業者で，「自家発・自家消費電力量」は統計上「大口電力」に含める。
　　③ 平成7年度以降の「電気事業者」には，公営電気事業者及び共同発電事業者，その他の卸発電事業者を含む。
　　④ 平成10年度以降の「電気事業者」には特定電気事業者を含む。
　　⑤ 平成12年度以降の「電気事業者」には，特定規模電気事業者を含む。なお「電力」の項には「特定規模需要」は含まれない。
　　⑥ 平成17年度以降は「自家消費」及び「特定供給」の項は「電力」の項から別けて記載した。
　　⑦ 「電力需要」の項目は，平成11年度までは「業務用，小口，大口，その他の各電力」に分類され，12年度以降は「特定規模需要以外（電灯需要及び電力需要）」と「特定規模需要（特別高圧及び高圧〈沖縄電力を除く〉の各電力）」に分類して統計処理されている。

より需要の鈍化が顕著となったが，平成6（1994）年ごろには景気はやや回復基調となり，需要電力量は2％台の堅調な伸びとなっている（**表1.7**）。

わが国の電力需要と**国民総生産**（gross national product：**GNP**〈2000暦年度政府統計における国民総支出（GNE）と同意義〉），**鉱工業生産指数**（index of industrial production：**IIP**）との年度別の増加指数をグラフにすると**図1.3**のようになる。

GNPは，一国において一定期間に生産された財貨およびサービスの総額を指すもので，国民所得の生産にかかわる内容で把握される。これは経済活動の指標となる値で，電力需要とは密接な関係があり，GNP単位当りの消費電力

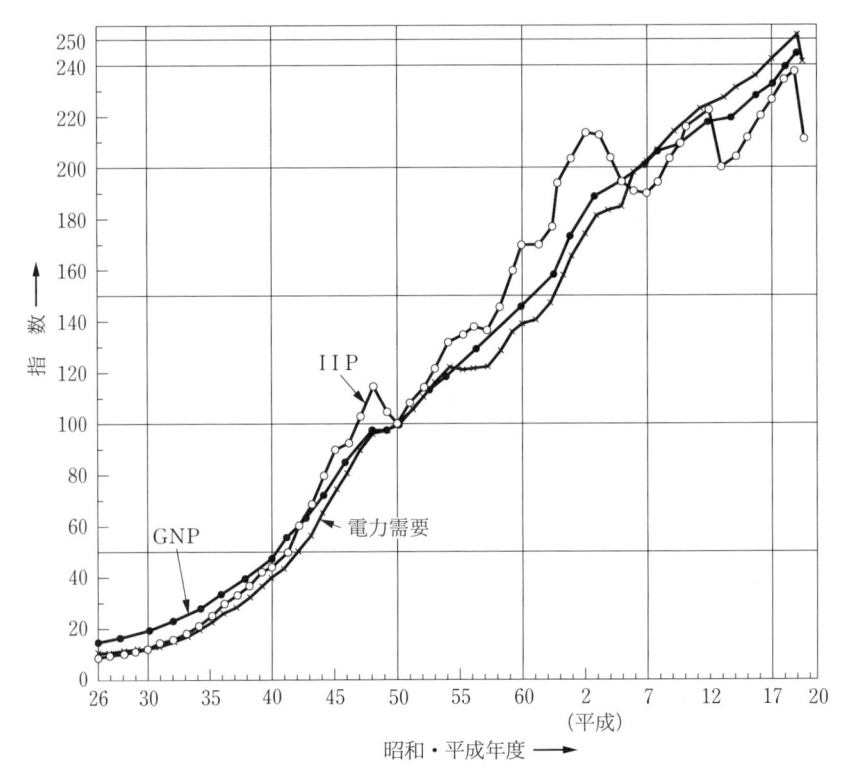

図 1.3　電力需要・国民総生産（GNP）・鉱工業生産指数（IIP）年度別傾向（昭和50年＝100）

量の伸び率によってグラフの傾向が決められる。

IIP は産業活動の動向を表し，電力需要とも連動するもので，わが国の戦後における経済成長の要因をつくり，GNP 増加の先導役を務めてきた。

1.3.2 電力需要構造の動向

わが国の電力需要は，経済の拡大，生産活動の増大などを反映して年々拡大してきているが，その需要構造においても変化がみられる。電気事業者の需要種別（電気供給約款に規定された種別）ごとに需要電力量の構成の変化をみる

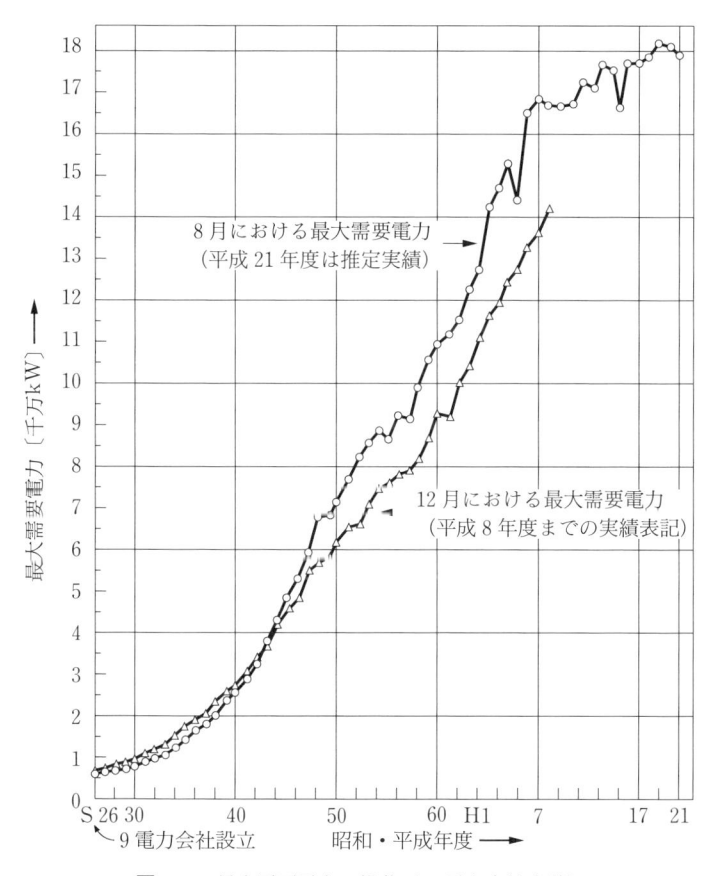

図 1.4 最大需要電力の推移（10 電力会社合計）

と，家庭電化の普及に伴う電灯需要の増大，消費産業・商業部門の需要増による業務用電力の増大に対し，自家発電設備の拡大によって一般産業用大口電力の供給電力は減少の傾向を示している。また，負荷曲線から需要の動向を分析すると，つぎのような点が挙げられる。

(1) 年間最大需要電力が冬季点灯時から，冷房用需要の増大により夏季昼間時に移り，電力供給対策は冬季から夏季に比重が移るようになった（図 1.4 参照）。この傾向は北海道電力を除き年々大きくなっている。

(2) 冷暖房，空調関係の需要が増大したため，需要電力の変動が気象条件などにより左右されることが大きくなった。

(3) 照明関係の需要の比重の低下により1日の最大需要電力は点灯時より昼間に移る傾向にある。

1.3.3 需要の増大と供給力確保の問題

(a) **火主水従による供給**　水力発電を主力とし，火力発電を補助的な役割とした水主火従時代の供給方式から，近年は高効率，大容量の火力発電設備を基底負荷用とし，調整能力をもった水力発電をピーク負荷供給力とする火主水従方式に転換された。また発電電力量〔kWh〕では昭和 37 年を境に火力供給力のほうが大きくなった。

(b) **原子力発電の開発**　わが国の火力発電用燃料使用の増大による外貨の流出，将来の備蓄，輸送など安定供給上の問題がある。そこでエネルギー供給の安定性のために，原子力発電の開発を推進して燃料の多様化と，長期にわたるエネルギーの安定供給を確保することが必要となってきた。

(c) **広域運営による電気事業者間の協調**　公害対策，立地条件の問題のなかで，需要地との距離が遠いところに大規模の発電設備を設置したり，さらに他社の供給区域内での設置が計画されたりして，広域運営，電力融通の点で協議が必要となってきた。そこで昭和 33 年から 9 電力会社と電源開発（株）で自主的な協調が図られるようになり，昭和 40 年に佐久間変換所，52 年に新信濃変電所が運転開始をして，50 Hz と 60 Hz 間が連係されるようになった。

また，昭和54年に北海道，本州間が直流送電方式で連係されるようになった。

(注) 協調機関とその構成

中央電力協議会
(9電力，電源
開発(株))
{
東地域電力協議会（北海道，東北，東京電力，電源開発（株））
中地域電力協議会（中部，北陸，関西電力，電源開発（株））
西地域電力協議会（中国，四国，九州電力，電源開発（株））
}

(d) 脱石油対策と新エネルギーの開発　昭和48年の石油危機を契機にわが国のエネルギー情勢は激変し，火力発電では，石油からの脱却を図ってLNG，石炭などに燃料転換し，水力発電では，揚水式発電設備の比率が年々高くなっている。一方，国の新しいエネルギー政策としてサンシャイン計画（49年），ムーンライト計画（55年），石油代エネ法（略称 55年），新エネルギー総合開発機構（略称 NEDO）が生まれ，新エネルギーの開発，省エネルギー，エネルギー有効利用の観点から，石炭ガス化・液化，電力貯蔵用新型電池†，燃料電池，太陽光発電，風力発電，コージェネレーション，超電導回転機などの開発が促進され，その一部はすでに実用段階に入った。これらの新発電システムは従来の発電所のような大規模集中形と異なり，需要地の近くに分散立地する点に特長があり，**分散形電源**または分散形エネルギーと呼ばれている。

†(注)　電力貯蔵用新型電池

電力の負荷平準化を目的として大規模の揚水発電が運用されているが，同じ電力貯蔵方式について，分散形電源の特長を生かした新型電池による電力貯蔵システムが昭和55（1980）年ごろから検討されるようになった。旧通産省工業技術院では同年に研究開発プロジェクトを12年計画でスタートした。このプロジェクトで開発された新型電池は，ナトリウム－硫黄（Na-S）電池，亜鉛－塩素電池，亜鉛－臭素電池，レドックス・フロー型電池の4種である。

第2章　電力需給と建設計画

電力需給の特質と要点を挙げるとつぎのようである。
（1）　供給と需要が同時に行われるので，このバランスがくずれて，需要が供給力を上回るようだと周波数の変動や停電などの事態となるので需要の一部を制限するようなことになる（電気事業法第27条　使用の制限）。したがって，供給力は最大需要に対応できるようにしなければならない。
（2）　供給は生産原価の異なる発電設備で組み合わされ，需要は使用状態の異なる各種の負荷があって変動しているので，経済的に運用するように配慮しなければならない。

2.1　負荷の種類と特性

2.1.1　需要の種別
需要の種別の分類方法にはつぎのようなものがある。
（1）　契約種別分類　　　「電気供給約款」上の分類（4.1.4項参照）
（2）　産業別分類　　　「電気関係報告規則」に規定される分類
（3）　供給条件（供給種別）分類　　　「電気供給約款」上の分類

2.1.2　負荷の特性
（a）　**負荷曲線**　　負荷の時間的変動をグラフで示したものを**負荷曲線**（load curve）という（図2.1参照）。負荷曲線は，負荷の特性を知るために必要なものであって，需要側，供給側両者にとって重要な意義をもっている。負荷曲線の形式は一般に**日負荷曲線**（daily load curve）（横軸に時間，縦軸に1

2.1 負荷の種類と特性

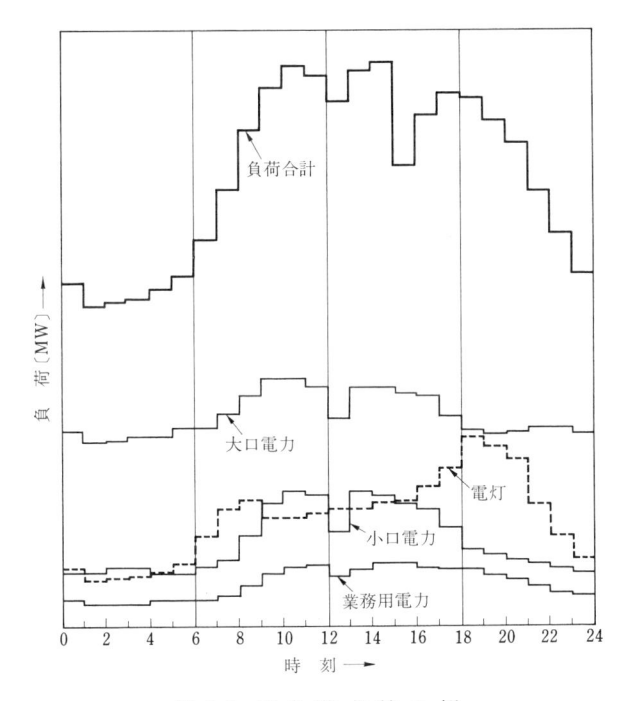

図 2.1 日負荷曲線の例

時間ごとの電力量計の読み〔kWh〕をとる）が多く用いられる。さらに，月，年の負荷曲線も作成される（このときは横軸に日または月などをとり，縦軸にその日または月の最大電力または平均電力をとる）（図 2.2, 図 2.3 参照）。

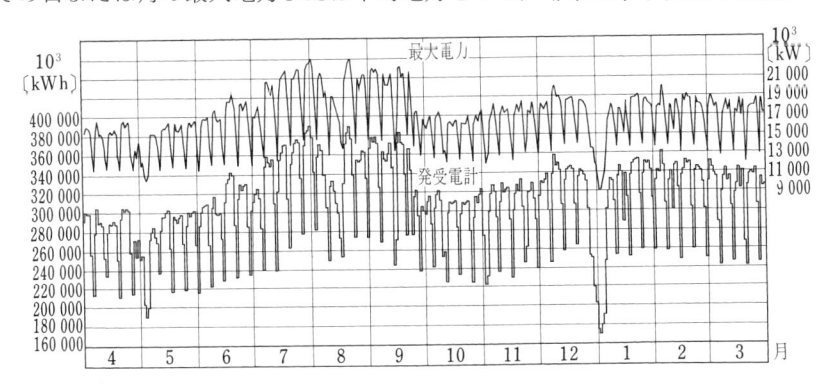

図 2.2 年負荷曲線と年間発電・受電電力量曲線の例（昭和 50 年度，東京電力）

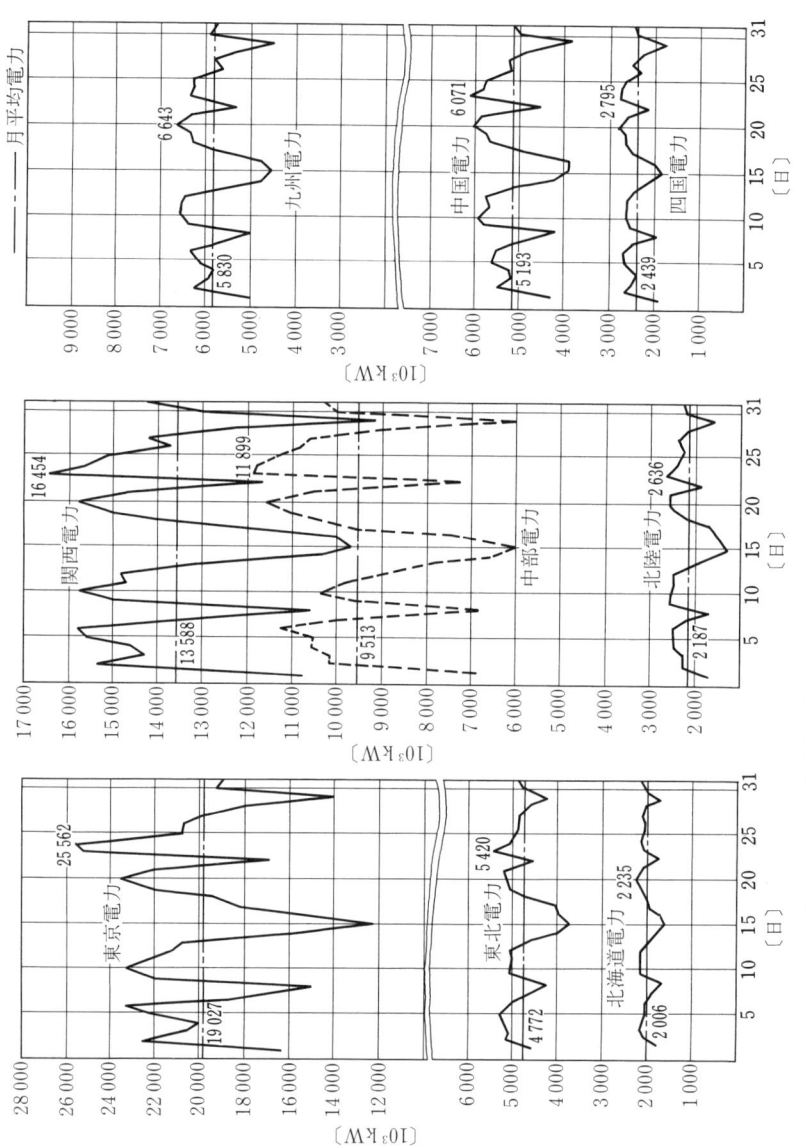

162　第2章　電力需給と建設計画

図 2.3　月負荷曲線の例（9電力会社－最大電力曲線，昭和51年8月）

2.1 負荷の種類と特性　　*163*

　負荷曲線は需要構造によって特有の形状を示している。例えば，電灯需要は日没から夜の初めにかけてピーク負荷を示し，一般の工場などでは昼間の操業時間内にピーク負荷があり，夜間はオフピーク負荷となる。また，24時間操業の鉱山，鉄鋼業，化学工業，水道事業などではほとんどフラットな曲線を示している（図2.4参照）。

　ある期間内の負荷を時刻に無関係に大きさの順に配列したものを**負荷持続曲線**（load duration curve）という。これは，負荷と供給力のバランスを見るときの資料となる（図2.5参照）。

　（**b**）**負　荷　率**　　電力の需要は，季節あるいは時間によって変化する。ある期間中の負荷電力の最大のものと，その期間内の電力量を全時間数で除した値，つまり負荷電力の平均値との割合を**負荷率**（load factor）といい，次式で表している。

$$負荷率 = \frac{平均電力または平均負荷〔kW〕}{最大電力または最大負荷〔kW〕} \times 100 〔\%〕 \quad (2.1)$$

　期間の取り方によって日負荷率，月負荷率，年負荷率などがあり，負荷率の大きい負荷ほど供給設備が有効に利用されているわけで，供給側にとって設備の利用度が高いことを示している。

　したがって，負荷率の大小は電気料金の算定に重大な関係をもっている（**表2.1**参照）。

　（**c**）**需　要　率**　　電力消費設備は，その設備容量いっぱいに負荷のかかることは少なく，一般に負荷電力は設備容量より小さいのがふつうで，この割合を表すものが**需要率**（demand factor）で次式によって求められている。

$$需要率 = \frac{最大負荷または最大需要電力〔kW〕}{取　付　負　荷　〔kW〕} \times 100 〔\%〕 \quad (2.2)$$

　ここで最大負荷または最大需要電力は，ある期間（日，月，年など）中の負荷電力を測定したうち最大のものをいう（**表2.2**参照）。

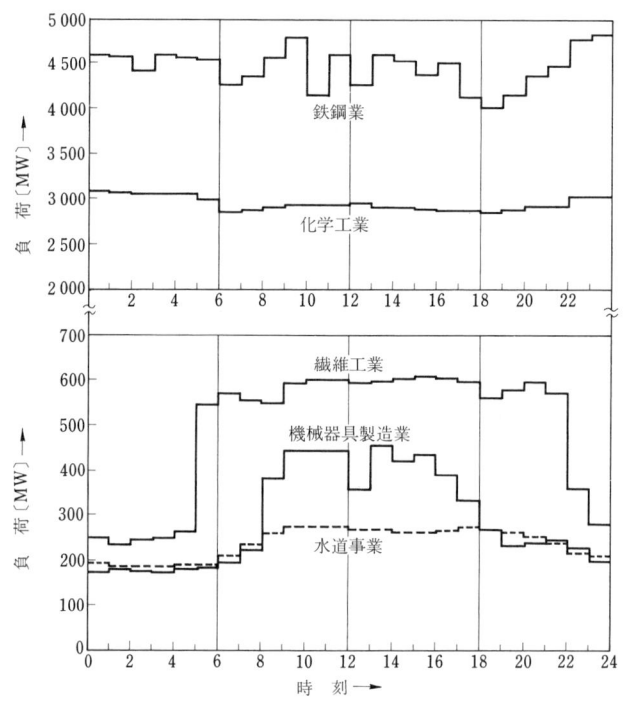

164　第2章　電力需給と建設計画

図 2.4　産業別日負荷曲線の例

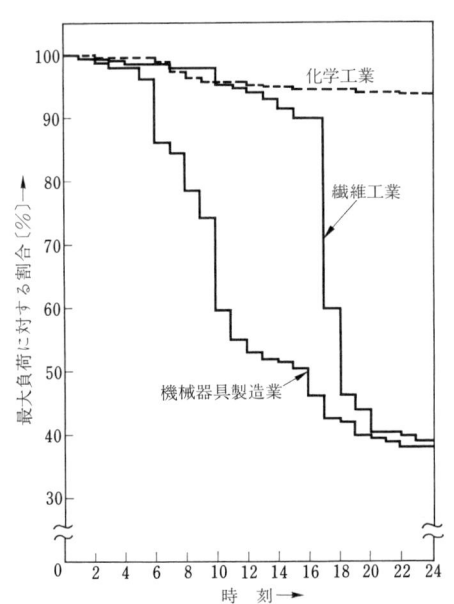

図 2.5　負荷持続曲線の例

2.1 負荷の種類と特性　*165*

表 2.1　負荷率の例

需要種別	負荷率〔%〕
電　　　鉄	59
ガ　　　ス	58
石炭採掘	77
機械工業	43
繊維工業	68
化学工業	90
商業地域	27
住宅地域	32

表 2.2　需要率の例

需要家種別	需要率〔%〕
学　　　校	68
病　　　院	51
大　邸　宅	33
ア パ ー ト	60
銀　　　行	30
旅　　　館	65
化学工場動力	50〜60
機械工場動力	30〜40
電解電炉設備	80〜90

（d）**不　等　率**　ある変圧器に A，B 二つの負荷が接続され，図2.6のような負荷曲線を示したとき，最大負荷 A_m，B_m の時間的位置はずれているので，合成された負荷曲線 C の最大負荷 C_m は $A_m + B_m$ より小さい。

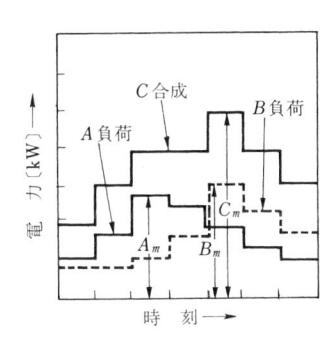

図 2.6　不等率の例

このように，それぞれの負荷の最大値は負荷の時間的ずれで必ずしも一致しないので，供給側の設備はその状態を見越して設備すればよい。この割合を表すものが**不等率**（diversity factor）である。

$$\text{不等率} = \frac{\text{各個の最大負荷の合計〔kW〕}}{\text{その群の合成最大電力〔kW〕}} > 1 \tag{2.3}$$

不等率は1より大きく，その値が大きいほど供給設備の利用率の高いことがわかる。

（e）**負荷率・需要率・不等率の関係**　各需要家の需要率をすべて等しいとすると，前記の式から

$$\text{合成最大電力（負荷）} = \frac{\text{(需要率)} \times \text{(取付負荷の総和)}}{\text{不等率}} \tag{2.4}$$

となり，この式から各需要家の需要率と，需要家間の不等率がわかっていれば，全需要家の総取付負荷から全需要家一団としての合成最大電力を求めることができる。

負荷率の式の分母にこの式を代入するとつぎのようになる。

$$\text{負荷率} = \frac{\text{平均負荷}}{\text{最大負荷}} = \frac{\text{平均負荷}}{\text{取付負荷の総和}} \times \frac{\text{不等率}}{\text{需要率}} \tag{2.5}$$

（f） 電験問題演習

1． 日負荷持続曲線が**図 2.7**のような直線で表される負荷がある。$a = 3\,000$，$b = 60$ のとき，この負荷の日負荷率〔％〕はいくらか。正しい値をつぎのうちから選べ。

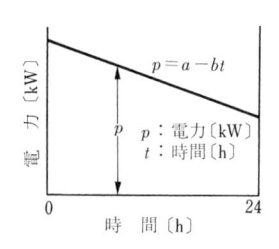

　　　（1） 76　　（2） 78　　（3） 80　　（4） 82　　（5） 84

(58 電験 III. A)

図 2.7　日負荷持続曲線

〔**略解**〕　題意により $t = 24/2 = 12\,\text{h}$

　　　　　平均電力：$P_a = 3\,000 - (60 \times 12) = 2\,280\,\text{kW}$

　　　　　日負荷率 $= \dfrac{2\,280}{3\,000} \times 100 = 76\,\% \cdots\cdots$ 答（1）

2． 設備容量，需要率および日負荷率が次記のような A，B および C の三つの需要家があり，需要家間の不等率は 1.2 である。

需要家	設備容量〔kW〕	需要率〔％〕	日負荷率〔％〕
A	100	60	50
B	80	50	40
C	150	40	50

2.2 供給力の種類と特性　　167

これら需要家の負荷を総合したときの（ア）合成最大電力〔kW〕と（イ）日電力量〔kWh〕は，それぞれいくらであるか。

(57 電検 III．B)

〔略解〕　合成最大電力＝(設備容量×需要率)の和/不等率≒133 kW……（ア）答
　　　　平均電力＝（最大電力×日負荷率）の和
　　　　　　　　＝（設備容量×需要率×日負荷率）の和＝76 kW
　　　　日電力量＝平均電力×24 h＝1 824 kWh……（イ）答

3. ある変電所において，図2.8のような日負荷曲線を有する三つの負荷 a，b および c のそれぞれに最大電力 6 000 kW，3 500 kW および 2 000 kW で供給しているとき，この変電所における総合負荷の負荷率〔％〕はいくらか。

(59 電検 III．B)

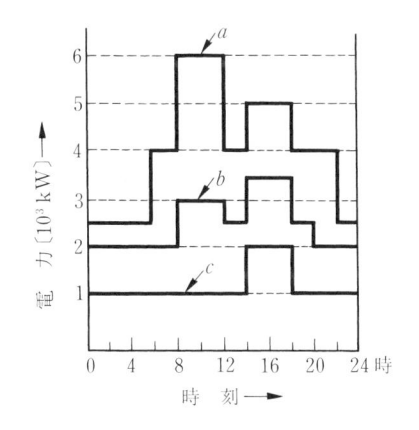

図 2.8　日負荷曲線

〔略解〕　合成最大電力 P_m は 14～18 時に発生し
　　　P_m ＝ (5＋3.5＋2)×10³ ＝ 10.5×10³ kW
各負荷の使用電力量〔kWh〕＝負荷電力×持続時間の和
平均電力＝各負荷の使用電力量の総和／24＝7.67×10³ kW
負荷率＝平均電力／合成最大電力≒73 ％……答

2.2　供給力の種類と特性

電力の供給力はその発電形式から水力供給力，火力供給力および原子力供給

力に分類できる。これらの供給力は，発電所群が電力系統の一環として運転され，需要に応じているわけで，個々の発電所については，その発電所の特性に応じて運転し，系統全体として最も経済的な運用を図るように負荷を分担している。

2.2.1 出力の種類

（a） 常時出力　　1年を通じ，355日以上発生できる発電所の出力をいう。

（b） 常時ピーク出力〔常時せん（尖）頭出力〕　　1年を通じ355日以上，毎日ピーク負荷時の一定時間（ふつう4〜8時間程度）を限って発生できる発電所の出力をいう。この場合には調整池または貯水池を必要とする。

（c） 特殊出力　　豊水の際，毎日の時間的調整を行わないで発生できる発電所出力で，常時出力を超えるものをいう。これは河川流量によって変動し，連続して一定の出力を出すことはできない。

（d） 補給出力　　渇水期を通じて常時発生できる発電所の出力で，常時出力を超えるものをいう。例えば，渇水期の何箇月間か運転する設計の火力発電所またはその期間に運転する計画の貯水池式水力発電所などの出力である。

（e） 補給ピーク出力（補給せん頭出力）　　渇水期間を通じて毎日一定時

（注） P_1，P_2 はピーク負荷時に，調整池もしくは貯水池により河川流量を調整した分を示す。
　　　補給出力は，補給火力，貯水池水力の負担分を示す。

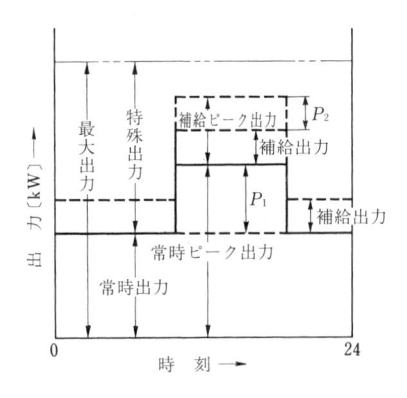

図 2.9　発電所出力の図解

間を限って発生できる発電所の出力で，常時ピーク出力を超えるものが補給出力よりも大きい場合において，その常時ピーク出力を超えて発生できる発電所の出力をいう。

（f）**予備出力**　故障，事故などの場合において，不足する電力を補う目的で施設された設備によって発生する発電所の出力をいう。これは平常は運転しないものであるから，設備利用率は低いものとなる。したがって，運転経費が高くても，建設費の安い火力発電所などがこれにあてられる。

これらの発電所の出力を図解すると**図2.9**のようになる。

2.2.2　水力供給力

（a）水力発電所の種類

（1）**自流式**（水路式）　河川の水を水路によって水槽に導き，あるいは本流との間に落差をつくり，この落差を利用して発電する方式で，**流込み式**ともいう。

（2）**貯水池式，調整池式**　高所にある自然湖水を利用し，または河川にダムを築造して人造湖を作り，この水の落差を利用する方式をいう。

貯水池式は，その規模が大きく，年間を通じ季節的に水量の調節を行う発電所で，河川流量の調節を行う貯水池では，下流の流況を改善し，下流発電所の発電能力を増加させることができる。

調整池式は，1日または数日間の短期間の負荷の変動に応じて水量の調節をする発電所である。

（3）**揚水式**　深夜または豊水時の余剰電力または発電原価の安い電力を利用して揚水し，必要なときに放流して発電する方式をいう。

この方式には純揚水式と混合揚水式とがあり，前者は揚水した水のみで発電するもので，後者は河川の流水と揚水した水と合わせて発電に使用するものである。

（b）水力発電所の可能発電力　自流式発電所あるいは調整池式発電所で流量の調整を行わずに，取水量をそのまま発電に使用した場合に出しうる発電

力を，その発電所の**可能発電力**〔kW〕という。河川流量がその発電所の最大使用水量以上である場合の可能発電力は，つねにその発電所の最大出力となるが，河川流量が最大使用水量より減少すると，可能発電力は，ほぼ河川流量に比例して減少する。

したがって，自流式発電所の可能発電力は河川流量の変化につれて変動し，季節によって変化するのはもちろん，同じ月内でも日によって変化し，また年間平均の可能発電力も年によって変化がある。

(**注**)　河川流量は，降雨によってその水量が確保されているが，降雨量は季節によって異なり，わが国の河川では，一般に4月～6月の融雪期から梅雨期，および台風シーズンの9月ごろの多雨期を**豊水期**（河川流量の多い時期）といい，12月～2月の冬の積雪期を**渇水期**（河川流量の少ない時期）という。

また，貯水池式発電所の場合は，貯水池への流入量と貯水池の使用計画とによって可能発電力は算定できる。

可能発電力に対するある期間中の電力量を**可能発電量**〔kWh〕といい，期間の単位としては日，月，年などが用いられる。

(**c**)　**水力供給力の想定**　　水力供給力を想定する方法は，過去の流量記録に基づき，水力可能発電力を算出し，これを累年平均値をもって想定するのが基本である。

ここで毎月の平均の自然流量を過去の一定年間（昭和59年度は昭和17年から昭和57年までの41箇年間）につき平均したものを**平水**といい，この平水に対する当月の自流実績との比率を**出水率**〔％〕という。出水率が100％を上まわる場合を**豊水**，下回る場合を**渇水**という。

自流式または調整池式発電所においては，事故，補修作業，その他の原因で発電に利用されずに溢水した水量を電力量に換算した溢水電力量があるので，可能発電量，あるいは可能発電力にこれらの点を想定した**利用率**を乗じて水力供給力を想定している。

(**注**)　利用率〔％〕＝100〔％〕－溢水率〔％〕
　　　　ここで，溢水率〔％〕＝停止率〔％〕＋余剰率〔％〕
　　　　停止率とは発電所の事故および補修作業のために生ずる溢水に相当する発

電力と可能発電力との比である。

余剰率とは豊水期の深夜その他過剰な出水によって生ずる溢水に相当する発電力と可能発電力との比である。

貯水池式発電所においては，累年平均可能発電力に過去の実績を参考として想定した利用率を乗じて供給力を想定する。

揚水式発電所においては，他の形式の供給力と需要との関係を基礎とし需給の均衡などを考慮して供給力を想定する。ここで，揚水電力量は揚水効率（発電電力量／揚水電力量）などを考慮して想定される。なお，現今の揚水効率は約 0.7 ぐらいである。

2.2.3 火力供給力

火力発電所設備可能出力から定期補修による減少出力を差し引いた引力を**火力可能出力**という。また事故率 Q は次式で求められる。

$$Q = \sum \frac{P_q \times H_q}{P_0(8\,760 - H_m)} \tag{2.6}$$

ここで，P_q：火力設備の事故により生ずる減少出力〔kW〕

H_q：事故時間数〔h〕

P_0：火力可能出力〔kW〕　　H_m：定期補修の延べ時間〔h〕

（注）　$8\,760\,\text{h} = 24\,\text{h} \times 365\,\text{日}$

なお，最近の火力発電所では，事故率は 4～5％ 程度である。また，火力可能稼動率 U および火力供給力 P は次式によって求めることができる。

$$U = 1 - Q \tag{2.7}$$

$$P = U \cdot P_0 \quad 〔\text{kW}〕 \tag{2.8}$$

2.2.4 原子力供給力

原子力発電の供給力は，火力供給力と同様に可能稼動率によって決められるが，原子力供給力では，これを一般に**設備利用率**と呼んでいる。設備利用率は原子力発電所の運転状況，稼動率，放射性廃棄物管理状況，被曝状況，事故・

故障の状況などに関連するもので，昭和50年代前半50％台，昭和55年度～57年度60％台，昭和58年度～平成6年度70％台，平成7年度以降80％台を記録するなど徐々に向上している。

原子力発電所の設備利用率は次式によって求められている。

$$設備利用率 = \frac{発電電力量〔kWh〕}{認可出力〔kW〕×暦時間数〔h〕} \times 100 〔\%〕 \qquad (2.9)$$

(注) 暦時間数は1箇年の場合は24×365＝8760 h

原子力供給力は，可能出力に設備利用率を乗じて求めることができる。

2.3 電力需給および調整

2.3.1 需要の変動と供給対策

わが国における電力需要は，昭和30年代以降高度の経済成長を反映して，対前年度伸び率は，30年代平均で11.6％，40年代前半平均で12.7％という高い数値を示していた（図1.2参照）。この需要の伸びは産業界の景気の動向と密接な関係があり，年度によって若干の消長はあったが，8％台の高い伸び率が40年代後半まで続いた。

ところが，48年10月に石油輸出国機構（OPEC）の原油値上げ通告とアラブ産油国機構（OAPEC）の供給削減策により石油危機となり乱狂物価と社会不況という現象が起こり，GNPの伸びは鈍化し，IIPおよび電力総需要は下降するに至った。52年度ころから経済も回復の兆しがみえたが，54年に第二次石油危機となり55年ころから電力多消費形の鉄鋼，アルミ，紙・パルプなどの素材産業は不況に陥り，48年～55年の大口需要の年平均伸び率は1.0％となり，電力総需要では45～55年の10年間で年平均伸び率は5％であった。

その後，産業活動では電気・機械産業が伸び，民生用需要は，国民生活の向上により家電製品の購入が増え，電力総需要は昭和55年～平成2年の10年間で年平均伸び率が3.8％であった。

このようにわが国の電力需要において大きな比重を占める産業用電力需要の

うち，鉄鋼，化学工業など基幹産業の電力消費の動向が全体に及ぼす影響はきわめて大きい。一方，国民生活の向上に伴い，民生用需要，レジャー需要などが増加を続けており，とくに 1.3.2 項で述べたように，冷房・空調用の需要の増加による夏季ピーク形の現象がみられるようになり，夏季における最大需要電力に対応した安定供給力を維持することが重大な課題となった。

これらの需要の動向に対して，電力の安定確保の見地から，供給側ではつぎのような諸項目について対策が立てられている。

（1） 安定した需給バランスを確保する需給対策
（2） 発電用燃料の流体化と石炭対策を盛り込んだ燃料対策
（3） 供給の安定化と経済性に立脚した広域運営対策
（4） 電源立地の確保と原子力発電を促進する電源開発対策
（5） 分散形電源，コージェネレーションなどの導入による電源多様化対策
（6） 燃料の改良と装置の改善などによる公害防止対策
（7） 過密地域への供給対策
（8） 資金調達のための対策

2.3.2 電力需給バランス

需要電力の最大値とピーク負荷時の供給力との対比を**最大電力バランス**といい，これによって電力供給が安定しているかどうか判別できる。安定した電力供給を行うには供給力が需要より大きいことが必要であって，供給力が需要を超えている分を**供給予備力**（gross margin）といい，**供給予備率**は〔供給予備/需要〕で表す。適正とされる予備率の水準は 8～9 ％とされ，これに対して需要が供給力を上回る場合は**供給力の不足率**を〔(需要－供給力)/需要〕で表す。

「日本電力調査委員会」では，毎年作成する報告書に長期電源開発計画の基礎資料を発表しているが，それによると，現行の計画どおりに建設が進捗した場合，推定の供給予備率は平成 10 年度 13 ％，13 年度（2001 年度）15 ％としており，当分の間供給力の不足はないものとみている。

なお，供給力の不足により，電力事情が悪化した場合に，供給者側が対処する緊急の方策としては，つぎのようなことが考えられる。

(1) 建設中の発電所の竣工時期の繰上げ（実質的には1～3箇月繰上げを計画する）
(2) 電力各社の供給設備の広域運営による供給能力の有効な活用（電力融通計画の策定）
(3) 発電所を中心とした事故防止体制の強化充実
(4) 発電所の定期補修時期の調整（夏季補修の取止めなどの実施）
(5) 自家発電設置者に対する協力要請
(6) 特約契約による負荷調整の実施

2.3.3 電力損失率

発電所から需要場所に電気が供給される間には，発電所および変電所内など自社事業用に消費する電力，送配電線で生ずる物質的損失（オーム損，コロナ損ほか），計量器の誤差，定額需要の推定誤差，擅用電力などがあって，これらの全体を総合したものを**電力損失**といい，発電電力量（供給力総合計）と使用電力量（需要電力量）との差がこれに当たる。また，電力損失の発変電電力量に対する比率を**電力損失率**と呼び，これはつぎのように区別をしている。

$$送配電損失率 = \left(1 - \frac{需要端供給力}{送電端供給力}\right) \times 100 \quad [\%] \quad (2.10)$$

（注）送電端供給力＝発変電電力量－自社所内電力量
　　　需要端供給力＝使用電力量－変電所所内電力量

$$総合損失率 = \left(1 - \frac{使用電力量}{発変電電力量}\right) \times 100 \quad [\%] \quad (2.11)$$

わが国の電気事業における電力損失率の実態は，昭和30年代の初めは総合損失率が約20％，送電損失率が18％であったものが年々低下し，45年度にはそれぞれ10.1％，6.8％となり，平成13年度には8.7％と5.1％になった。電力需要長期計画においてもこの程度の値を維持するように決められている。

2.3.4 電力需給計画

電力供給を計画的かつ経済的に行うために,電気事業者は毎年度**電力需給計画**を作成し,つねに将来の需要を的確に知り,供給力の確保を検討している。電力需給計画はその策定期間により,短期需給計画(発・変電設備の日常運用の基礎となるもので,月単位で1〜3箇年を基準とする)と長期需給計画(発送電設備の開発計画の基礎となるもので,代表月,年単位で5〜10箇年を基準とする)に大別される。

(**a**) **供給設備の運用計画** 電力需要計画の基本となる供給設備の運用計画では,それぞれの発電所の電力原価や運転特性に応じて,最も経済的かつ合理的に組み合わせ,必要な予備力を保持することを策定している。現在わが国の電気事業では,**供給設備(発電所)運用の原則**をつぎの要領で行っている。

(1) 自流式発電所の供給力は,調整能力を持たないので,負荷の基底部分(ベース負荷ともいう)を分担させる。

(2) 貯水池式・調整池式・揚水式発電所の供給力は,調整能力を有するので,ピーク負荷または変動負荷に相当する部分を分担させる。

(3) 火力発電所の供給力は,大容量・高効率発電所は基底部分を負担させ,それ以外の火力供給力は中間(ミドル)負荷帯部分を分担するように順次上乗せする。

(4) 原子力発電所の供給力は,大容量・高経済性の特質を生かして基底負荷部分を分担させる。

(**b**) **卸供給による電源調達** 平成7年12月に電気事業法が改正され,従来の「卸電気事業」のほかに卸発電事業として「卸供給」が新たに定義された。これにより,卸電気事業許可は大規模発電事業者(出力200万kWを超えるもの)を除いて原則撤廃され,卸発電分野に新規参入する**卸供給事業者**(Independent Power Producer 略称 IPP)が誕生した。電力会社は入札制度を導入してIPPから電源を調達することになった。

なお,改正電気事業法施行前に卸電気事業許可を取得していた事業者が,一般電気事業者との間に卸供給の契約をしている場合は,その発電出力の容量に

関係なく卸電気事業とみなされている。

平成8年度にわが国で初めて実施された卸供給入札では，電力6社（東京，関西，中部，九州，東北，北海道），合計265.5万kWの募集に対し，4.1倍の応募があり，15社，304.7万kWの落札者が決定した。この経験を踏まえ，電気事業審議会などにおいて今後ともこの入札制度の活用を円滑化するとともに，長期的な見地からIPP活用の方針を検討している。

2.3.5 需給調整

需給調整とは，時々刻々に変動する需要に対し，つねに供給力を確保して需要と供給の間のバランスをとり，電気事業者相互間の融通（不均衡是正融通という）や電力原価低減のため発電種別間の経済融通などを図りながら，供給力を総合的に最も経済的に運用することである。

具体的には，需要動向に影響を与える天候，気温，曜日，社会的な環境，テレビ番組などの要因と，供給力を支配する河川流量，発電所の可能発電力などの要因を考慮して，前日に需給予想を立て，各発電所に連絡する。当日の需要予想のずれおよび瞬時的な変動に対しては，給電指令によってそれぞれ適応する発電力の調整を行うとともに，電圧および周波数調整を行う。

供給力の安定化のための需要形態としては，ピーク負荷時の需要を削減することが効果的であるが，これには電気供給約款などによりオフピーク負荷時との料金格差を設定する間接的な需要調整方法と，法令などにより直接的に需要制限をする調整方法とが考えられる。実際の需要調整はつぎのような方法によっている。

(1) 料金制度による調整　オフピーク負荷時の需要に対して特別な低減料金制度を適用して需要を拡大し，余剰電力の経済的利用を図ることで，季節別・時間帯別料金制度が考えられる。現在，わが国では9電力会社がそれぞれ時間帯形，負荷調整形，需給調整形，負荷移行形（休日振替および業務用形）の特約料金制度を大口需要家に適用している。また，一般需要に対しては深夜電力などの料金規程がある。

(2) 法令による調整　電気事業者は，需要に応じて電気の供給を行う義務が

法令で定められているが，大口需要家（契約電力 3 000 kW 以上）に対しては，**受電認可制度**がとられ，需要家の認可手続きの段階で使用を規制する措置を講じている。さらに，電力不足によって国民経済や国民生活に悪影響を及ぼし，公共の利益が阻害されるおそれのあるときは電気事業法ならびに受電制限規則（省令）によって使用の制限が行われる。

法令による使用の制限には，① 休電日の指定，② 最大電力または使用電力量の制限，③ 指定需要の使用禁止，などの場合があるが，その他電気事業者が自主的に自家発電設備の利用，またはピーク負荷時の調整について需要家に協力を要請する場合がある。

2.4 建 設 計 画

2.4.1 電力需要想定

企業において，その経営上需要を想定することは重要なことで，電気事業の場合についてみると，想定が過小であれば供給力の不足を生じ，周波数低下，電圧降下，停電の原因となる。また想定に反して負荷の急増の場合は，発電所，送配電設備の建設がこれに追随しなければ供給力不足となる。これとは反対に想定が過大なときは，設備が有効に利用されず，固定費の比率が大きい電気事業では料金原価が上昇する結果となる。

電力需給問題は，国のエネルギー政策の中枢をなすもので，需要予測は国のベースで行う「電源開発基本計画」（内閣府所管）および「電気事業審議会需給部会報告」（経済産業省所管）のほか，民間ベースで行う「日本電力調査委員会報告」とによって検討される。近年，需要予測をモデル化してこれから需要想定を行うことが研究され，モデル化の段階で需要動向の要因や不確定要素を織り込む技術が開発されつつあり，モデルの操作性が向上し，信頼性が高まれば，かなり有効な想定システムとして期待されている。

現今行われている需要想定システムは，需要予測を期間の長短で分類する想定方法と，需要区分を分割するか否かで分類する想定方法がある。

前者の想定方法としては，**短期想定**（想定期間 1 箇年間で，各年度の需給計

画を策定することがこれに当たる）と**長期想定**（期間は10箇年を原則とし，上記の各報告もこれに当たる）がある．

後者の想定方法としては，つぎの二つの方法がある．

（1）　**ミクロ想定**　　計画的に，目標年度における各業種および各地域に細分した生産数量を定め，これらの電力量を算定して集計する方法．

（2）　**マクロ想定**　　総需要について，経済指標との相関（過去，現在の実績から分析する），または時系列（過去の実績から，これの傾向線を描いて判断するもの）によって想定する方法．

5箇年ぐらいの長期想定では，ミクロ想定を主とし，マクロ想定によって検討する方法が用いられる．10箇年以上の長期の場合には，マクロ想定を主とし，ミクロ想定を取り入れながら検討するのがふつうである．

2.4.2　電　源　開　発

第2次大戦後のわが国における電源開発の推移をみると，昭和20年代までは，自流式発電所が主として開発され，水力資源の利用が中心で，火力発電所は不足電力を補給する**水主火従方式**が採られ，さらに水力発電所の形式も調整池による発電所をはじめ，貯水池式発電所が建設されるようになった．30年代に入り，高効率大容量の火力発電所が増加し，電力コストが低下する反面，水力資源の不足や，水力発電所の建設コスト高などのため流込み式水力の開発は減少し，開発の主力となった火力発電が基底負荷を受け持ち，水力発電がピーク負荷を受け持つ**火主水従方式**に移った．

近年においては，ピーク負荷が増大の傾向にあるため，水力発電では負荷変動即応性などの特性を有する大容量の貯水池式および高落差，大容量揚水式水力発電所の開発が推進されるようになり，一方，水資源の有効利用，地域開発などの観点から，多目的ダム開発による水力電源開発が促進されている．

また，火力発電では，基底負荷をまかなうため大容量化や発電設備の大形ユニット化を推進し，さらに原子力発電を含めた効率的運用を図り，電力系統全体の経済性を高めるため中間負荷専用火力（**ミドル火力**）の開発も推進されて

いる．立地にあたっては，補償問題，自然保護対策，地域社会との調和などの諸問題とともに公害防止が重要な課題となっている．なお，原子力発電の開発では，将来の技術進歩，系統規模の拡大なども考慮して大容量のユニットの開発が推進されている．また，新形転換炉および高速増殖炉の研究開発や国産化技術の向上を図り，原子力発電の安全性に関する立地地点の啓もうを行うことなども今後の重要な課題となっている（**表2.3**参照）．

表 2.3 電気事業用の発電設備構成の推移　　（単位：万kW, 括弧内は構成比率〔%〕）

区分＼年度	昭和30 (実績)	昭和45 (実績)	昭和60 (実績)	平成10 (実績)	平成15 (実績)	平成20 (実績)
水 力	804 (66)	1 892 (26.7)	3 320 (21.5)	4 389 (19.7)	4 519 (19.5)	4 625 (19.7)
火 力	415 (34)	3 871 (54.6)	9 661 (62.6)	13 342 (60.0)	14 088 (60.7)	14 052 (59.9)
原子力	――	1 323 (18.7)	2 452 (15.9)	4 508 (20.3)	4 574 (19.7)	4 794 (20.4)
その他	――	――	――	――	(風力) 4 (0.02)	(風力) 4 (0.02)
合 計	1 219 (100)	7 086 (100)	15 433 (100)	22 190 (100)	23 183 (100)	23 471 (100)

注：(1) 火力発電には地熱発電を含む．
　　(2) 「その他」の欄は太陽光，燃料電池，風力各発電の最大出力の合計値で表記する．

2.4.3　電源開発に伴う諸問題

（a）　発電用燃料　　発電用の燃料には，火力発電の石油系燃料（重油，原油，ナフサ，NGL，その他）と非石油系燃料（石炭，LNG，LPG，その他）（**表2.4**参照），原子力発電の核燃料および燃料電池発電用燃料がある．

（1）　石　炭　　石炭は電力再編成後のわが国火力発電用燃料の中心であったが，重油がしだいに経済性が高まり，取扱いが容易なため，燃料は流体化に移ってきた．このような石炭離れの現象に対処するため，国は産炭地振興政策を策定し，これにより毎年電気事業界が一定量の引取りの協定をしており，政府もこれに対する財政上の優遇措置を講じているにもかかわらず電力用炭の消費は減少の一途をたどった．しかし，昭和48年の石油危機以来，石油の大幅な値上げや供給削減などの影響を受け，50年以来，輸入炭も含めて総合エネルギー政策において石炭の積極的な活用が検討されるようになった．

表 2.4 火力発電用燃料消費実績

種別 年度	石 炭 〔10^3 t〕	重 油 〔10^3 kl〕	原 油 〔10^3 kl〕	LNG 〔10^3 t〕	ナフサ 〔10^3 kl〕	NGL 〔10^3 kl〕	LPG 〔10^3 t〕
26	6 458	106	—	—	—	—	—
30	7 211	307	—	—	—	—	—
35	16 600	4 956	—	—	—	—	—
40	20 073	11 786	719	—	—	—	—
45	18 821	34 646	7 251	717	(48 年度) 2 240	(48 年度) 46	—
50	7 179	35 999	22 666	3 326	2 439	981	(52 年度) 39
55	9 776	35 689	13 432	12 987	1 376	2 986	736
60	22 627	21 079	12 830	21 634	363	332	610
平成 2	27 238	23 806	21 859	27 624	152	572	892
7	41 474	18 676	16 740	31 593	154	240	539
11	47 465	14 840	11 232	36 490	269		535

（2） 重 油 重油は石炭に比較して，燃焼システムの上から優れた点が多く，わが国では従前から石炭の補助燃料用として使用されてきたが，昭和30年代に入ってから石油需給の関係から経済性が急速に高まり，35年ころから重油専焼火力発電所の建設が盛んになった。40年代には燃料構成比で60％を超えるようになった。しかし，排煙中のいおう酸化物による大気汚染が公害問題として採り上げられるようになった。そこで火力発電所の大気汚染防止対策として，排煙脱硫法のほか集合煙突化などを行ってきたが，さらに効果を上げるために，重油脱硫装置による脱硫，超低いおうのミナス原油（0.1％以下）との混合使用，原油の生だきなどの低いおう化対策が採られた。同時に，LNGなどいおう分を含まない燃料も，この一環として利用を推進することになった。このように，重油は石油危機を境に経済性が低下して割高となり，電力需要の伸び率低下の影響も受け，50年代後半の燃料構成比は45％以下となった。

（注） 重油は，原油から揮発油，灯油，軽油などの軽質油を分留した残りの油で，性状は黒褐色で粘り気がある。比重 0.9～1.0，発熱量 10 000～11 000 cal/g。粘度によって低い順から1種（A），2種（B），3種（C）に分類され，火力発電用にはC重油を用いている。重油の主成分は炭化水素で，普通 0.2～3.5

％のいおう分と，0.03％以下の無機化合物を含む．

（3）原　油　原油を精製せずに，そのまま燃料として直接使用することを**原油生だき**という．昭和30年代に重油の需要が増大するとともに，その安定確保に不安がもたれるようになった．当時，原油は供給過剰傾向にあって供給安定性が優れ，価額も重油より割安で，いおう分も少ないという長所があり，電力会社ではこれの実験・検討を経て39年より原油生だきによる発電を本格的に実施した．原油生だきは経済性ばかりでなく，大気汚染防止対策の点からも評価され，40年代には使用率が年々拡大するようになった．しかし，石油製品需給や価額などに与える影響が大きいため，経済産業省の行政指導によって毎年度の使用量が制約されている．現在，生だきに使用する原油は，南方系低いおう原油（いおう分0.1％程度）と中国産をおもに使用している．

（4）LNG（liquefied natural gas，**液化天然ガス**）　発電用燃料の低いおう化，多様化を目的として，昭和44年に東京電力が東京ガスと共同で導入し，都市ガス用原料にすると同時に，南横浜火力発電所において使用開始したものである．当初は経済上問題もあったが，48年の石油危機以降，石油価格の高騰と供給不安定な状況となったため，脱石油の方針として積極的に導入され，電力用燃料として使用量は増加している．わが国が輸入をしているLNGのおもな産地は，インドネシア，ブルネイ，アブダビ，アラスカなどである．

（注）　LNGは天然ガス中のメタン，エタンを$-161.4\,°C$という極低温で液化させたもので，液化など精製の段階でいおう分などを除去してあるので純度の高いクリーンな燃料となる．比重0.42，発熱量9 700 kcal/Nm³で，成分の一例としてメタン99.6％，エタン0.1％，窒素0.3％である．

（5）ナフサ（naphtha），**NGL**（natural gas liquid，**天然ガス液**），**LPG**（liquefied petroleum gas，**液化石油ガス**）　昭和40年後半になると，環境問題が厳しい対応を迫られるようになり，低いおうでかつ窒素含有率の少ない良質燃料を確保するという観点から，いおう分が0.08％のナフサを発電用燃料として使用することを検討し始めた．ナフサは石油化学製品の原料となるため，発電用として大量に使用することは影響が大きいので政府機関で審議さ

れ，限定された条件で使用が認められ47年から使用を開始した。ナフサと性状が類似しているNGLについても，ナフサ代替燃料として48年から導入が開始された。

　LPGは，製油所で原油処理の際に採取されるものと，天然ガスから採取するものとがある。いおう分と窒素分がゼロのため発電用燃料として導入され，52年度から東京電力姉ヶ崎火力発電所で初めて使用された。

　ナフサ，NGL，LPGとも50年度後半は使用量が漸減している。

　（注）　**ナフサ**は，石油を分留して得られるガソリンとほぼ同じ沸点範囲の軽質油。ガソリンや化学工業の原料となる。比重が小さく，揮発性に富み，いおう分が少ない。重油に比較して重量当りの発熱量が大きい。

　　　　NGLは，中近東の油田付近に多く埋蔵され，地中では高温ガス状で，地上に噴出するときは圧力，温度が低下して液状を呈する。性状は軽質ナフサに近い。いおう分0.024％以下，窒素分0.005％以下が代表的なもの。

　　　　LPGは，プロパンとブタンの総称で，広義にはNGLの一種とも考えられる。常温，常圧では気体で，わずかの加圧や冷却で容易に液化する。発熱量は，11 510〜12 030 kcal/kg。

（6）　**核燃料**　　軽水炉形の原子力発電では天然ウランから $_{92}U^{235}$（ウラン235）の含有率を2〜4％に濃縮した材料を用い，高速増殖炉では $_{92}U^{238}$（ウラン238）とそれから発生する $_{94}Pu^{239}$（プルトニウム239）が利用される。

（7）　**燃料電池発電用燃料**　　燃料電池は，水の電気分解と逆の化学的反応により電気エネルギーと水を生成させる装置である。燃料電池のシステムは，燃料改質器，燃料電池本体および電力変換器（インバータ）で構成している。

　（注）　**燃料改質器**は，天然ガス，ナフサ，メタノールなどを，触媒の存在下で水蒸気と反応させて，水素（H）と一酸化炭素（CO）に改質し燃料とする。改質ガスにCOが多い場合にはCO変成器を用いて水素と二酸化炭素（CO_2）に変換し燃料に用いる。

　　　　燃料電池本体には燃料極（水素極）と空気極（酸素極）があり，その間に存在する電解質を通り，水素イオン（陽子）は空気極に，電子（e^-）は外部回路を通って空気極に移動する。空気極では，酸素と水素イオンと外部回路を通ってきた電子が反応して水ができる。このように，外部回路の電子の流れと逆方向に電流が流れ，電気エネルギーが得られる。

2.4 建設計画

(b) **広域運営と超高圧送電網**　電気事業の広域運営は，昭和33年から9電力会社および電源開発（株）の自主的な協調により，広域的な見地から電力施設の建設，運用を合理化し，電力供給の安定と電力原価の節減をはかることを目的として実施され現在に至っている。この間広域運営を実施するに必要な機構の整備，強化とともに，電力施設面では，電力系統の拡大にあわせて地帯間を連系する送変電設備の整備拡充が行われた。**地帯間送電連系**は各地区（東地区，中地区，西地区）が超高圧送電線で連系されており，現在50万Vならびに100万V送電系統が着々と整備されている。また，広域運営の根幹となる送電線路の連系の概要を図2.10に示す。

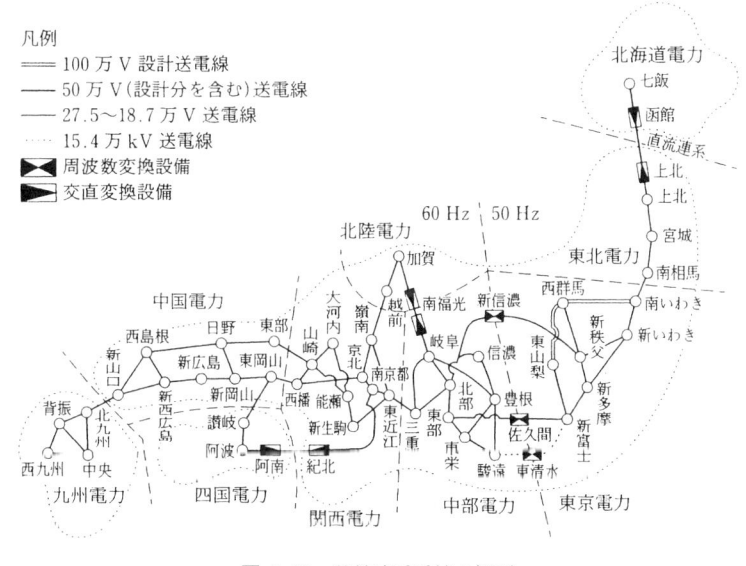

図 2.10　基幹連系系統の概要

(c) **電源立地と公害問題**　電源開発の開発地点の選定および電力系統の構成は，広域的見地から計画されているが，近年，火力発電所および原子力発電所の電源立地難の現象が顕著で，地元の公害防止対策ならびに放射能障害に対する危惧から建設が円滑に運ばれていない事例が多く，開発計画が予定より遅れているのが現状である。しかし，電気事業者にとって電気の供給義務の遂

行上電源立地の確保は不可欠で，電源立地を円滑に進めるためには，公害防止に万全を期し，地域社会との協調を図り，発電所の設置が地域社会の発展に寄与する方策を取り入れていかなければならないであろう。

電気事業が関連する公害問題は火力発電所の排出するばい煙による大気汚染と発変電所の発生する騒音がそのおもなもので，これは関係法令で定められた「環境基準」を遵守するために，公害対策に支出する経費と技術導入に万全を期さなければならない。

第3章　電力施設の運転，保守および運用

3.1　運転および保守

3.1.1　運転，保守業務に関する規程

　電気施設が，その機能を十分発揮するためには，各設備，機器が良好であると同時に，日常の操作方法，点検方法，補修方法などが確実に実行されなくてはならない。これらの運転，保守の業務については**運転・保守規程**を定め，業務内容と責任体制を確立し，運転，保守の方法を統制して，相互に関連する諸設備の運営に遺漏のないようにしなくてはならない。

　これについては電気事業法第42条において，電気工作物の工事，維持および運用に関する保安を確保するため，**保安規程**を作成することが義務づけられており，施行規則において保安規程の記載事項が定められているので基本的にはこれで運転，保守のルールが確立していると思われるが，各施設の実情に応じてさらに運転・保守規程で実施細目を規定する場合もある。

3.1.2　電気による障害および事故

　電気施設は，その運転に伴って他の物件に誘導障害，電波障害，電食障害など電気磁気的な障害を与えるほか，いったん事故が発生すれば，供給の停止，感電，火災，機器破壊などの被害を与える。その他水力発電所の水の使用による農業用水，排水などに与える影響，火力発電所のばい煙や変電所の騒音のような公害の影響など多くの問題をもっている。

　（a）**誘導障害**　　送電線が，通信線などと平行または接近する場合，送配電線路の3相が通信線路に対して非対称であるために静電誘導を生じたり，

送電線路の故障時の零相電流による電磁誘導の現象が起こり通信機能に障害を与えたり，通信機器に被害を生じたり，人畜に危害を与えることがある。

（b）電波障害　送配電線路や電気機器が発生するコロナや高周波電流のために通信機器をはじめラジオ，テレビジョンに雑音や映像障害を与える場合がある。また，大規模な送電線鉄塔によって電波の不整反射障害も発生している。

これらの障害規制については電気設備技術基準第42条，電気設備技術基準解釈第53条，第244条において規定されている。

（c）電食障害　電気鉄道の直流電流が，地中の金属体に分流して，その流入点または流出点に電解腐食を生ずるもので，被害は地下の電力ケーブル，通信ケーブル，ガス管，水道管路に及ぶ。これの障害防止規制については電気設備技術基準解釈第254条～第258条に規定されている。

（d）電気事故　生産活動の拡大化と家庭電化の普及に伴って，電気の安定供給とその安全性がますます要求されるようになった。

電気事故は，自然現象をはじめ技術的なものまでさまざまな原因によって発生し，その被害の状況もさまざまであるが，事故の形態はつぎのように大別することができる。

（1）供給支障事故，（2）供給設備の事故，（3）感電死傷・電気火災事故

（1）供給支障事故　これは，電気の供給が停止するような事故をいい，大型台風の発生した年度の事故件数が統計的に多いのが特徴的である。わが国においては，図3.1のように設備規模に比べて事故件数の割合は年々減少する傾向にある。

このうち自家用電気工作物からの波及事故は，全供給支障事故との比率が昭和43年の13.3％を最高に年々減少し，60年代は10～12％の間を推移している。

（2）供給設備の事故　これは，表3.1で示したように特別な自然災害の発生した年度の設備の場合を除き，全般的にみると事故率は減少している。

3.1 運転および保守　*187*

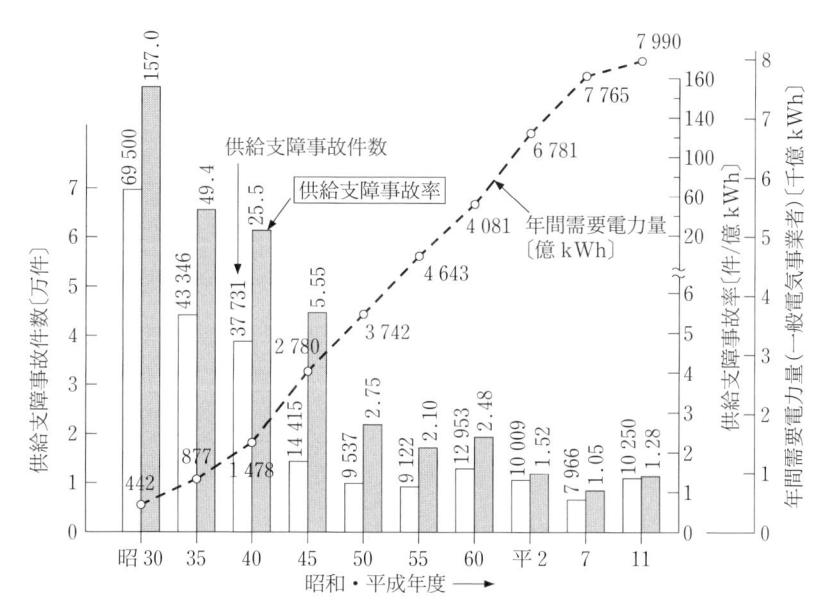

（注）供給支障事故率は年間需要電力量1億kWh当りの事故件数をいう。

図3.1 電気供給支障事故の推移

表 3.1 電力設備別事故率推移

設備		年度 昭和36	40	50	60	平成2	7	11
水力発電所	水力設備	68.78	26.98	5.85	0.78	0.98	1.22	0.46
	電気設備	102.95	72.80	5.01	1.01	1.51	0.46	1.14
火力発電所	火力設備	36.43	13.40	1.43	0.33	0.36	0.17	0.14
	電気設備	7.12	2.43	0.15	0.06	0.07	0.04	0.03
原子力発電所	原子力設備	—	—	—	0.96	0.63	0.34	0.38
	電気設備	—	—	—	0.04	0.07	0.00	0.04
変電所		31.23	7.88	0.96	0.19	0.10	0.06	0.19
送電線路	架空	8.16	4.82	2.04	1.08	0.48	0.37	0.38
	地中	8.78	4.61	0.73	0.35	0.32	0.35	0.17
高圧配電線路	架空	27.82	12.13	1.60	1.89	1.40	1.04	1.36
	地中	29.13	18.49	4.32	1.37	0.96	0.86	0.95

（注）1. 発電所は，出力 1 000 000 kW 当りの事故被害数
　　　2. 変電所は，出力 1 000 000 kVA 当りの事故被害数
　　　3. 送電線路は，高圧配電線路は，こう長 100 km 当りの事故被害数

（3） 感電・火災事故　感電事故は，図3.2に示したように毎年減少する傾向にあるが，電気火災の原因は機器の電線接続端子部分の取付不良による加熱，ならびに漏電によるものが大半で，図3.3のような発生件数となっている。

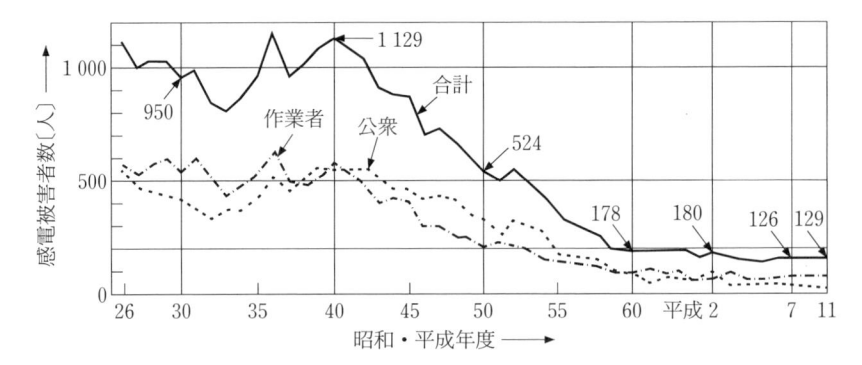

（注）「感電死傷事故」とは，人が充電している電気工作物や，それからの漏電または誘導によって充電している工作物などに体が触れたり，あるいは高電圧の電気工作物に接近して閃絡を起こして，体内に電流が流れ，直接それが原因で死傷した事故，および電撃のショックで心臓麻痺を起こしたり，体の自由を失って高所から墜落したりして死傷した事故をいう。ただし，道を歩いて直接雷にうたれたり，また，ラジオ，テレビなどの送信アンテナからの誘導で充電していた工作物に触れたような場合は除かれる。

図 3.2　感電死傷事故（被害者数）の推移

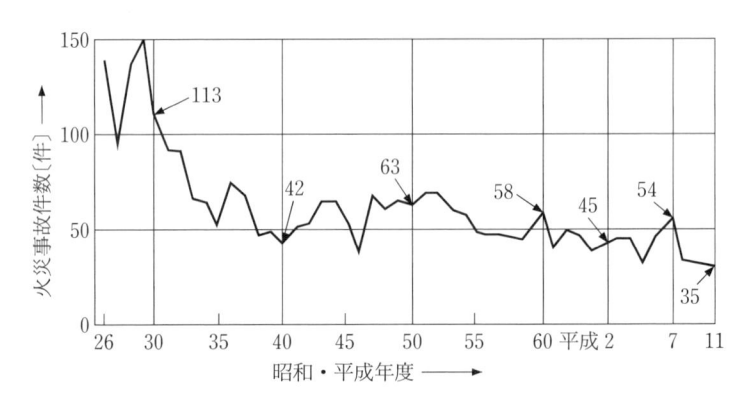

（注）「電気火災事故」とは，漏電，短絡，閃絡など電気工作物の欠陥が原因で，建造物，山林などに火災を起こしたものをいい，電熱器などの電気器具の単なる取扱い不注意から起きたものは含まれない。

図 3.3　電気火災事故の推移

3.2 電力系統の運用

電力系統とは，電力の発生（発電），輸送（送配電）設備を経て需要設備に至るまでの機能が密接に結合され，発電から消費までが一括して行われているものをいい，これの管理，運営が適切で，経済的かつ安定に運転し，良質の電力を需要家に供給することが電力系統の運用の目的である（図3.4参照）。

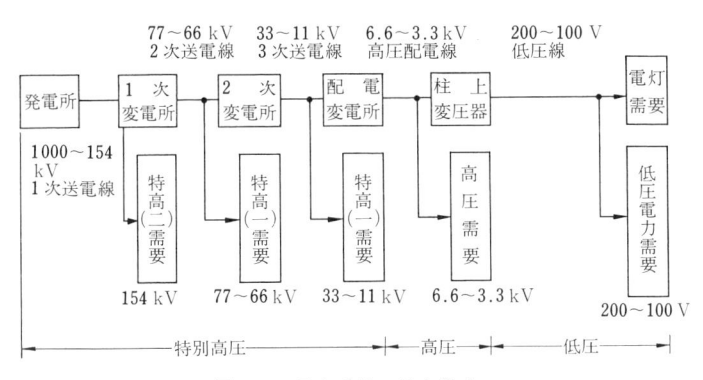

図 3.4 電力系統の基本構成

3.2.1 電力系統の運用上の要点

実際の運用にあたっては，常時負荷の状況を把握し，これに適用できるように発送配電設備を運用し，電力供給を行うのであるが，この際，系統に含まれるすべての発変電設備，送配電設備が総合的な立場で運営されてゆく必要がある。また，系統各部署の担当者は，電力系統の給電指令に従って，信頼性の向上に努めることが必要である。この運用上の要点を挙げるとつぎのとおりである。

（1） 有効電力，無効電力を需要に応じて十分供給できるように準備すること。

（2） 事故時に供給支障のないように準備すること。

（3） 需要家にはつねに安定した電圧，周波数を供給すること。

（4） 運営を合理化して，経済化を図ること。

3.2.2 電力系統の構成

電力系統は発電から負荷までの設備を組み合わせたものであるから，この構成方式が電力系統運用の基礎となるものである。電力供給については系統構成の各要素を総合した運用について論じることが重要で，電子計算機などの利用による高度の運営理論が活発に論じられるようになった。現今行われている系統構成を分類するとつぎのようになる。

(a) 単純系統

(1) 樹枝状系統（tree system）　最も基本的な形式で，電源地帯と中心変電所とを送電幹線（1次送電線路）で結び，2次系の水・火力発電所および2次変電所がこれから放射状に接続された系統形式をいう。これの特長と欠点はつぎのとおりである。

〈特長〉（1） 電力と負荷の状況が把握しやすく，これに合わせて送電，変電設備の容量が決められる。

（2） 事故発生の区分がわかりやすい。

〈欠点〉 幹線に事故または停電が発生すると系統全体に影響を受ける。

これの対策としては2回線方式，予備変圧器などを設置する。

(2) 環状系統（loop system）　すべての発電所，変電所を異なった2ルートの送電線で結び，全体として1ループを構成する系統形式をいう。この特長と欠点はつぎのとおりである。

〈特長〉（1） 負荷と発電所の地理的構成を配慮すると送電損失が減少する。

（2） 事故による供給支障が少ない。ただし，電力潮流を制御する場合もある。

〈欠点〉 系統の保護方式が複雑になる。

(3) リング状（外輪線）形式　限られた面積に需要設備が集中して拡大

してゆく大都市などでは，系統構成として，リング状の系統網が採用される（例　東京，大阪，名古屋）。これは1次送電線路を外周の1次変電所で受電し，さらに，これら相互間をリング状に結んで各電源をプールして超高圧外輪線（電圧 500 000 V，275 000 V）とする。これには系統火力（大部分の電力基幹系統に供給する火力）が，また，外輪線から延びたフィーダには局地火力が接続される。内部需要に対してはこれからさらに遞降変圧して供給される。このような外輪線による全系統並列運転は，各系統間の需給不均衡を解消し，また，系統の安定度，信頼度の向上に有効な手段である。

（b）　複合系統　　実際上の系統は，一般に，単純系統が重なり合って複合系統を形成している場合が多い。これにはつぎのような特長がある。
（1）　総合負荷の不等率によるピーク負荷の軽減に効果がある。
（2）　総合供給力の不等性の利用による供給力の増加と経済的運用が可能で，発電減価を軽減できる。
（3）　送配電設備の共用化によって，信頼性が増大し，損失が軽減できる。

3.2.3　電力系統の連系

電力系統はそれを複合化して，発電や負荷を総合した大電力系統とすると，一般につぎのような利点がある。
（1）　電源開発地点の選定が容易となり，開発の経済性が増し，資本費が節減される。
（2）　火力発電所で高効率大容量の経済的なユニットが系統に採用されて経済効果をあげることができる。これも資本費が節減される。
（3）　各系統間の需要，出水，事故などの不等性を利用できるので，供給支障の生ずる頻度が少なくなり，かつ供給予備力が節減でき，信頼性向上ともなる。
（4）　負荷の不等性を利用できるので，総合ピーク負荷が低減され，供給設備も節減できる。
（5）　供給側での最大ならびに最低の可能発電力の発生する時間の不等性を

利用し，これの合成によって，常時供給力を増加することができる。例えば，流況の異なる水力系統同士の連系などは利点がある。
（6） 各系統の火力発電所を地域にこだわらずに経済的負荷配分すれば経済的運用ができる。
（7） 火水力発電所を総合運用することにより，余剰水力の消化，火力の余剰分の融通により，貯水池あるいは揚水式発電所の有効な運用が可能となり，供給力増大とか火力発電の燃料経済に効果が発揮される。

しかし，一方連系による問題点としてつぎのようなことが挙げられる。
（1） 故障時にはリアクタンスの減少によって短絡容量が増大するので，回路の遮断器はこれに合わせた容量のものを設置しなくてはならなくなった。
（2） 事故波及の範囲が広くなるおそれがあるので，事故の高速除去，事故系統の分離などの保護継電方式を完備しなくてはならない。
（3） 連系によって，系統の周波数変動，連系線電力の変動が生じた場合，自系統で制御するために周波数調整や電圧調整の自動制御装置を完備しなくてはならない。

3.2.4　給　電　業　務

給電業務とは，電力系統を構成する発電所，変電所，送配電線路などの設備を最も合理的にかつ総合的に運用する業務をいう（**図3.5**参照）。

（a）　給電指令業務　　電力施設を直接運用する業務で，その内容はつぎのようなものである。
（1） 発変電所の合理的かつ経済的な運転の指示
（2） 周波数ならびに電圧の調整
（3） 電力需給調整
（4） 系統変更の場合の指示とそれに関連した機器操作の指示
（5） 電力施設の保守点検作業の調整と指示
（6） 電力系統潮流の調整ならびに連系融通電力の監視制御

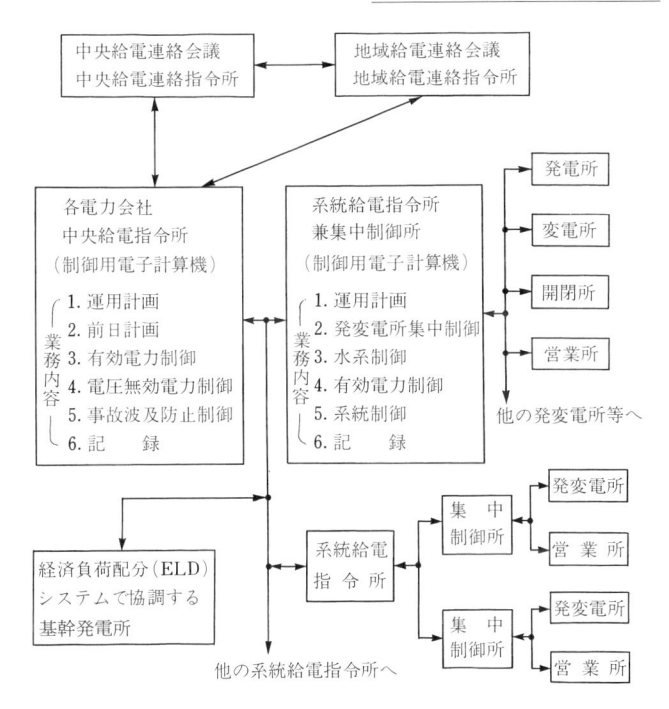

図 3.5 給電指令・集中制御機構のモデル図

（7） 事故時の応急処置ならびに復旧操作の指示
（8） 業務記録の作成と保存

これらの業務遂行上の指令を**給電指令**といい，指令機関から定められた指令系統によって伝達される。そのために**給電規程**などがあらかじめ定められている。

（**b**） **給電計画業務**　給電指令業務を実施してゆくために必要な計画立案をする業務をいい，その業務の概要はつぎのようなものである。

（1）需給計画の作成，（2）需要特性，事故の調査・検討，（3）その他系統運用に必要な計画の立案，資料の作成・整備

第4章　電気事業経理

4.1　電気事業経理の概要

4.1.1　電気事業経理の特質

（a）　**設備産業としての特質**　　電気事業の資本構成は，一般電気事業についてみると，固定資産が全資産の 95 ％を超え，流動資産は 5 ％弱で高度の設備産業といえる。よって電気事業の経理は，発電所から需要場所に至るまでの設備会計（財産の記帳，運用，減価償却方法など）が重要なポイントになる。

また，電気設備としては危険性があるが，技術的に高度の近代化が可能で，供給施設の増加の割合に比べて従業員数は減少する傾向にあり，企業の収益力は高く評価されている。

（b）　**公益事業としての特質**　　電気事業の設備は，電線路などは公有道路または私有地に布設されるなど，また水利権，占有権などが与えられているが，これは公益事業特権で企業の公益性によるものである。一方，経理面では商法以外に**電気事業会計規則**（昭 40・省 57）などによって経済産業大臣および監督官庁の制約下におかれて経理は公開されている。

4.1.2　電気事業経理の動向

昭和 30 年代から 40 年代前半にかけて，景気の上昇に伴ってわが国の電力需要は増大し，一般電気事業者（9 電力会社）の経理状況は，全般的に良好かつ安定していた。特に電灯料金収入の伸びの低調さに比べて，電力料金収入の伸びが好調で，全般的には順調であるといえよう。

ところが，40 年代後半に入ると，需要の増加に対処する電源開発の立ちお

くれなどの現象があって，これらの影響から需給の均衡を維持することがしだいに困難となってきた。このような情勢下で，今後の電気事業経理の動向を展望するとつぎのような理由から電力コストが増大する傾向が現れ，必ずしも楽観は許されない。

① 現在低下している供給予備力を回復するための電源開発に伴う減価償却費，支払い利息などの増加
② 電力コスト低減に寄与した火力発電の大容量化および送配電設備の近代化による送電損失率の低下などの限界
③ 開発途上にある原子力発電のコスト高
④ 公害対策費の増大
⑤ 立地難による電源地点と需要地の遠隔化による電力輸送費の増大
⑥ 都市の過密化に伴う地中線増加による電力輸送費のコスト高
⑦ 輸入燃料原油の価格の上昇

電気事業者は，これに対し電気料金の長期安定化を図るために，つぎのような経営上の方策を実行し，健全な経営基盤の維持に努力が払われている。

① 事務の機械化など経費節減のための合理化
② 投資の効率化
③ 社外流出を抑制し，内部留保の蓄積化
④ 広域運営の強化
⑤ 技術開発，導入の推進

4・1・3 電気事業経理と会計

電気事業法第34条の規定によって制定されたのが**電気事業会計規則**で，事業年度，会計原則，勘定科目および財務諸表，固定資産の価額，工事費負担金の整理，減価償却，資本的支出（修繕費）との区分，貯蔵品の会計整理，建設と営業とに関連する費用の配布などについて定めている。

電気事業会計においては，一般の企業会計とほぼ同じように，つぎのような**会計原則**が規則の中で定められている。

（1） **真実性の原則** 財政状態，経営成績について真実の内容を表示すること。

（2） 正規簿記の原則　　正確な会計帳簿を作成すること。
（3） 継続性の原則　　会計の整理は同一方法を継続し，みだりに変更しないこと。
（4） その他一般に公正妥当であると認められる会計の原則
（イ） 明瞭性の原則　　財務諸表，会計事実の明瞭性
（ロ） 保守主義の原則　　健全な会計処理をするため。
（ハ） 単一性の原則　　政策などのため真実の表示をゆがめてはならないこと。

4.1.4　電気供給約款

（a）　一般の供給約款　　一般電気事業者と需要家間の電力需給に関する契約は，電気事業法第19条第1項の規定に基づき，経済産業大臣の認可を受けて制定した電気供給約款（以下「**供給約款**」）によって実施されている。

供給約款の記載事項は経済産業省公益事業局の「要項」に準拠しており，その内容事項はつぎのようになっている。

（1）適用区域，（2）契約種別，（3）料金率，（4）料金算定及び支払，

（5）契約方法，（6）供給方法，（7）工事負担金，（8）保安

平成11（1999）年の電気事業法改正により，特別高圧で電気の供給を受けるものは「特定規模需要」（原則として契約電力2000kW以上のもの）として扱われ，供給約款から「特別高圧電力」という契約種別は除かれることになった。

この「供給約款」は電気事業の地域独占性などの特質から，一種の附合契約であるため，法規制によって需要家側の利益保護が図られている。

（b）　選択約款　　需要家側が（a）項の「供給約款」と異なる供給条件を希望する場合の契約として，電気事業法第19条第6項〜第8項の規定に基づいて，一般電気事業者は（a）項に規定した以外の需要の種別に応じた料率を提案した「選択約款」を作成し，経済産業大臣に届け出なくてはならない。現在，届け出られている「選択約款」は電力会社ごとに制定しており，「時間帯別電灯」，「季節別時間帯別電力」，「業務用季節別時間帯電力」，「深夜電力」，

「第2深夜電力」,「融雪用電力」,「第2融雪用電力」,「夏季操業調整契約」,「ピーク時間調整契約」,「低圧蓄熱調整契約」,「業務用蓄熱調整契約」,「氷蓄熱式空調システムに対する料金措置」などがある。

【参考資料】 東京電力株式会社・電気供給約款（平成14年4月実施）抜粋・要約

Ⅰ 総 則

1. 適 用
    (1) 当社が，一般の需要（特定規模需要および特定電気事業が開始された供給地点における需要を除く。）に応じて電気を供給するときの電気料金その他の供給条件は，この電気供給約款によります。
    (2) この供給約款は，当社の供給区域である次の地域に適用いたします。
        栃木県，群馬県，茨城県，埼玉県，千葉県，東京都，神奈川県，山梨県，静岡県（富士川以東）
2. 供給約款の認可及び変更（要約）
    (1) この供給約款は，電気事業法第19条第4項の規定にもとづき，経済産業大臣に届け出たものです。
    (2) 当社は，経済産業大臣の認可を受け，または経済産業大臣に届け出て，この供給約款を変更することがあります。この場合，電気料金その他の供給条件は，変更後の供給約款によります。
3. 定 義（要約）
    (1) 低 圧：標準電圧100V又は200Vをいいます。
    (2) 高 圧：標準電圧6000Vをいいます。
    (3) 電 灯：白熱電球，蛍光灯，ネオン管灯，水銀灯等の照明用電気機器（付属装置を含む。）をいいます。
    (4) 小型機器：主として住宅，店舗，事務所等において単相で使用される，電灯以外の低圧の機器をいいます。ただし，急激な電圧の変動等により他のお客さまの電灯の使用を妨害し，または妨害するおそれがあり，電灯と併用できないものは除きます。
    (5) 動 力：電灯及び小型機器以外の電気機器をいいます。
    (6) 付帯電灯：動力を使用するために直接必要な作業用の電灯その他これに準ずるものをいいます。（以下省略）
    (7) 契約負荷設備：契約上使用できる負荷設備をいいます。
    (8) 契約受電設備：契約上使用できる受電設備であって，受電電圧と同位の電圧を1次側電圧とする変圧器およびその2次側に施設される変圧器をい

(9) 契約主開閉路：契約上設定される遮断器であって，定格電流を上回る電流に対して電路を遮断し，お客さまにおいて使用する最大電流を制限するものをいいます。

(10) 契約電流：契約上使用できる最大電流（A）をいい，交流2線式標準電圧100Vに換算した値といたします。

(11) 契約容量：契約上使用できる最大容量（kVA）をいいます。

(12) 契約電力：契約上使用できる最大電力（kW）をいいます。

(13) 最大需要電力：需要電力の最大値であって，30分最大需要電力計により計量される値をいいます。

(14) 夏　季：毎年7月1日から9月30日までの期間をいいます。

(15) その他季：毎年10月1日から翌年の6月30日までの期間をいいます。

(16) 消費税等相当額：消費税法による消費税および地方税法による地方消費税に相当する金額をいいます。

(17) 四半期：毎年1月～3月，4月～6月，7月～9月，10月～12月の期間をいいます。

(18) 通関統計：関税法にもとづき公表される統計をいいます。

※ 4．単位及び端数処理 ～ 5．実施細目（省略）

II　契約の申込み

※ 6．需給契約の申込み ～ 13．需給契約書の作成（省略）

III　契約種別及び料金

14．契約種別

需要区分	契　約　種　別
電灯需要	16．定額電灯，　17．従量電灯A，B，C，　18．臨時電灯A，B，C，19．公衆街路灯A，B
電灯電力併用需要	20．業務用電力
電力需要	21．低圧電力，　22．高圧電力A，B，　23．臨時電力，　24．農事用電力，　25．自家発補給電力A，B，　26．予備電力

15．料　　金（要約）

（1）早収料金　支払義務発生日又は検針日翌日から20日の間に支払われる料金。

（2）遅収料金　早収料金の支払期限後の料金で，早収料金の3％増し。

（以下，15．定額電灯～26．予備電力まで要約）

4.1 電気事業経理の概要

16. 定額電灯　単相2線式または3相3線 100/200 V, 400 VA 以下の需要．
17. 従量電灯
    (1) 従量電灯A　単相2線式 100 V 又は単相3線式 100/200 V で, 5 A 以下の需要．
    (2) 従量電灯B　同上の電圧で 10 A～60 A の需要．
    (3) 従量電灯C　単相3線式 100/200 V で, 6 kVA～50 kVA 未満の需要．
18. 臨時電灯
    (1) 臨時電灯A　契約1年未満で, 単相2線式又は3相3線式, 3 kVA 以下の需要．
    (2) 臨時電灯B　契約1年未満で, 40 A～60 A の需要．
    (3) 臨時電灯C　契約1年未満で, 6 kVA～50 kVA 未満の需要．
19. 公衆街路灯　一般道路, 橋, 公園等の電灯, 火災報知機灯, 消火栓標識灯, 交通信号灯, 海空路標識灯その他の電灯等．
    (1) 公衆街路灯A　1 kVA 未満の需要．(定額電灯の規定に準拠)
    (2) 公衆街路灯B　単相2線又は3線式 100 V 又は 200 V で, 1 kVA～50 kVA の需要．
20. 業務用電力　3相3線式 6 kV 供給で, 電灯と動力併用で 50 kW 以上 2 000 kW 未満の需要．
21. 低圧電力　3相3線式 200 V (原則) で, 契約負荷又は従量電灯と動力併用負荷の合計が 50 kW 未満の需要．
22. 高圧電力
    (1) 高圧電力A　3相3線式 6 000 V 供給で, 50 kW 以上 500 kW 未満の動力用需要．
    (2) 高圧電力B　3相3線式 6 000 V 供給で, 500 kW 以上 2 000 kW 未満の動力用需要．
23. 臨時電力　契約使用期間が1年未満で, 動力又は電灯と動力併用の需要．
24. 農事用電力　かんがい排水用の動力需要．
    ※(注)　東北電力(株)では, 農事用電力A：かんがい排水用電力, 農事用電力B：育苗温床用電力 (2月～5月の間, 5 kW 以下の電熱需要．) の規定となっている．
25. 自家発補給電力
    (1) 自家発補給電力A　電灯又は電灯と動力併用の需要 (業務用電力に相当) で, 自家発電設備の検査, 補修, 事故時の不足電力の補給用．
    (2) 自家発補給電力B　動力需要 (高圧及び特別高圧電力に相当) で自家発

電設備の検査，補修，事故時の不足電力の補給用。

26．予備電力　高圧の需要家が，常時供給設備の補修，事故時の不足電力の補給用として予備電線路から受ける次に該当するもの。

（イ）予　備　線　常時供給変電所から供給を受ける場合
（ロ）予備電源　常時供給変電所以外の変電所から供給を受ける場合。

IV　料金の算定及び支払い

27．料金の適用開始の時期　　28．検針日　　29．料金の算定期間
30．使用電力量の計量　　　　31．料金の算定　　32．日割り計算
33．料金の支払義務及び支払期日，34．料金その他の支払方法，35．延滞利息，36．保証金

V　使用及び供給

37．適正契約の保持　38．契約超過金　39．力率の保持
40．需要場所への立入りによる業務の実施
41．電気の使用にともなうお客様の協力，42．供給の停止，43．供給停止の解除，44．供給停止期間中の料金，45．違約金，46．供給の中止又は使用の制限若しくは中止，47．制限又は中止の料金割引，48．損害賠償の免責，49．設備の賠償

VI　契約の変更及び終了（50．〜 55．省略）

VII　供給方法及び工事

56．需給地点及び施設，57．架空引込線，58．地中引込線，59．連接引込線等，60．中高層集合住宅等への供給方法，61．引込線の接続，62．計量器等の取付け，63．電流制限器等の取付け，64．専用供給設備

VIII　工事費負担（65．〜 71．省略）

IX　保　　　　安

72．保安の責任，73．調査，74．調査等の委託，75．調査に対するお客さまの協力，76．保安に対するお客さまの協力，77．検査，試験又は工事の受託，78．自家用電気工作物

※（注）　力率に関する約款

力率に対する料率は，上記の電力の契約種別によって，次のように割引及び割増の率を定めている。

（1）業務用電力，高圧電力 A，B，特別高圧電力　85％より±1％ごとに基本料金を±1％増減する。但し，特別高圧電力は午前8時〜午後10時の平均とする。臨時，農事用，自家発補給，予備の各電力はこれらに準ずる。

（2）低圧電力　電気機器の加重平均力率が85％より上下した場合，基本料金を5％増減する。例えば3相誘導電動機の力率は，下記の容量の進相コンデンサを取り付けてあるものは90％とする。

別表　3相誘導電動機個々にコンデンサを取り付ける場合

定格電力	〔kW〕	0.2	0.4	0.75	1.5	2.2	3.7	5.5	7.5	11	15	18.5	22	30
取付容量	50 Hz	15	20	30	40	50	75	100	150	200	250	300	400	500
〔μF〕	60 Hz	10	15	20	30	40	50	75	100	150	200	250	300	400

4.2　電　気　料　金

4.2.1　電気料金決定の原則

　電気事業は公益事業であり，かつ供給区域を独占している事業であるため，電気事業の健全な発展，需要家の利益保護などの観点から，電気の料金については厳格な法規制が行われている。すなわち電気料金ならびに供給条件については政府の認可を受ける建て前となっており，電力会社の料金に関する申請に対して電気事業法第19条第2項においてつぎのような**認可基準**が示されている。

　（注）「電気供給約款」のうち料金に関する認可基準の原則
　　（1）適正な原価に適正な利潤を加えたものであること（原価主義と公正報酬の原則）
　　（2）供給種別と料率の関係の明確化と差別的取扱いの禁止（公平の原則）

　また，適正な電気料金を認可するためには，電気事業の経営状態，財政内容などについて適確な資料を必要とするために**会計統制**が行われる。会計統制の基本となっているものは，減価償却，積立金および引当金の積立に関する命令，経理監査ならびに「電気事業会計規則」による会計整理の統一である。

4.2.2　電気料金制度

（a）**需要種別による料金体系**　電気料金は，一般電気事業者が政府の認可を得た「供給約款」によって定められており，この約款には契約種別，供給

種別ごとの料金率や適用条件が規定されている。

　これらの種別にはそれぞれ供給原価に差があるので，その種別に応じて料金率が定められており，特別高圧電力については電圧別に料金率に格差を設けている。しかし，これは各場所ごとに算定した原価額を一つの価格体系で格付けしたもので，同一電力会社の供給区域内において地域差による原価の差があっても，料金制度の簡明化のために実際には同一料金率を適用している。

　（b）　ヤードスティック方式料金制度　　電気料金は，前述のように電気事業の独占性を前提として法令による料金規制が行われているが，近年，料金の内外価格差の問題が顕在化しており，エネルギーの安定供給を重視すると同時に，企業の競争原理を導入して供給システムの効率化を図ること，ならびに公共料金という見地から料金規制を通じて事業の効率化を促進することを背景として平成7年に電気料金制度の改革が行われた。

　この制度改革の基本的な考え方は，平成7年に公表された「**電気事業審議会料金制度部会・中間報告**」によると概要つぎのようになっている。

（イ）　電気事業者の経営効率化は，規制や行政の介入によるのでなく，各社の自主的な経営効率化努力を促す仕組みの導入によるべきとの基本理念に基づいて，地域独占状態にある電気事業者の経営効率化の度合いを相対的に比較し，その結果を三つに分類した上で公表するとともに，効率化度合いの小さい事業者には，効率化努力目標額としてふさわしい額の原価削減を求める「**ヤードスティック（yardstick－基準尺度）査定**」を導入した。

（ロ）　自主的な経営効率化を促進し，その成果について需要家の理解を促進するために，電気事業者が毎年度経営効率化計画を策定・公表するとともに，その成果についての自己評価を行う「**料金の定期的評価**」を行うことにした。

（ハ）　燃料費が為替レートの変化や価格の変動により上昇あるいは低下した場合，迅速かつ自動的に電気料金に反映させるとともに，電力各社の経営効率化の成果を明確化するため「**燃料費調整制度**」を導入した。

（ニ）　負荷平準化を促進するため，負荷平準化にかかわる料金制については，個別認可制から，供給約款のメニューは届出制とした。

(c)　料金制度の形式

(1)　定額料金制　電気事業の初期において，小規模な電灯負荷で計量器の未発達のころに採用されたもので，現在でも，小規模な電灯，例えば外灯，街路灯などに残されているが，家庭電化製品の普及などに伴い，一般家庭では，ほとんど従量契約に変わってしまった。この料金制は欧米先進国にはほとんど例をみない。

(2)　従量料金制

（イ）　**最低料金制**　定額制が従量制に移行した大正末期から昭和初期に普及していた制度で，現在はほとんど行われていない。これは使用電力量が少ない需要家についても一定の固定費を負担するように使用電力量の多少にかかわらず一定の最低料金を課すものである。

（ロ）　**基本料金制**　現在わが国はじめ先進諸国が採用している制度で，**二部料金制**または**二種料金制**とも呼ばれる。電気料金を供給設備の準備に対応する分〔kW〕と，需要の消費する電力量に対応する分〔kWh〕とに区分して考え，〔kW〕に対する月額料金（基本料金）と，〔kWh〕に対する料金（電力量料金）とで構成するものである。

（ハ）　**時間帯料金制**　現在，フランス電力公社が採用しているもので，わが国でも，**特約需要家**の一部にこの料金率を適用している。これは，時間および季節によって電力の原価を配分したもので，各時間帯ごとに基本料金と組み合わせて設定している。

（ニ）　**総合料金制**　わが国の業務用電力などがこれに相当し，電灯，電熱，電力など種別の異なる需要を単一計量で供給する場合で，制度的には基本料金制で，この場合需要は広い範囲に使用が認められている。

(d)　基本料金制の原型　わが国で採用されている2部料金制の原型はつぎのようなものである。

（イ）　**ホプキンソン需要料金制**（Hopkinson demand rate）　最大需要電

力〔kW〕に適用される需要料金と，使用電力量〔kWh〕に適用される電力量料金とを併用するものである。

(ロ) **ライト需要料金制**（Wright demand rate）　使用電力量〔kWh〕が最大電力〔kW〕に対して何時間の継続時間数になるかによって料金率を2段に区分する従量料金制である。すなわち，負荷率の良好なものは逓減されるという仕組みになっている。

(ハ) **ドハーティ料金制**（Doherty demand rate）　**三部料金制**ともいわれ，最大需要電力〔kW〕，使用電力量〔kWh〕のほか，**需要家料金**と称する固定費の中の需要家の数に比例して増減する経費（検針，集金，引込線工事費など）に見合う分を課するものである。

4.3　電　力　原　価

4.3.1　電力原価の意義

電気事業のような地域独占による供給事業は，一つの事業体から直接多数の需要家に供給されるもので，料金の算定は通常の商行為による取引きなどと本質的に異なり，一定の基準で計算された価格に基づいて公正，妥当な料率を定め，供給約款にこれを明示して取引きが行われている。

電気料金の算定は前述のように，適正な原価プラス利潤が原則となっており，電気事業者の電気料金にかかわる認可申請に対して，経産省資源エネルギー庁は「供給約款料金審査要領」に基づき，査定作業（個別査定およびヤードスティック査定）を行い，物価問題関係閣僚会議の了承を経て供給約款を認可している。電気料金算定の基準は，「誠実かつ能率経営による適性原価で公平無差別であるという基本原則に基づき，減価償却，営業費，諸税，事業報酬を総括した総括原価を，需要の種別ごとに配分し，この配分された原価をもとにして供給約款の契約種別ごとにレートメーキング（rate making）する」となっている。すなわち，総括原価が電気料金収入と同額となるように合理的かつ公平に配分するという基本原則に従って，需要種別あるいは契約種別ごとに料

金率を定めてゆくという考え方が算定基礎となっており，現在ではこの適性原価の査定にヤードスティック査定および燃料費調整制度を導入して料金を設定するようになっている．

4.3.2 総括原価

電気事業における総括原価については，前述のように「供給約款料金審査要領」に基づき，個別査定およびヤードスティック査定の導入によって，コスト積上げ方式からコスト基準を決めて料金を算定する方式に転換したために，いっそうの原価削減が求められている．総括原価の内訳はつぎのとおりで，**表 4.1**は世界主要国の原価配分を示したものである．

表 4.1 世界主要国の原価配分（1959年，旧西ドイツ，フランスは1958年，日本1964年） (単位〔％〕)

	項　目	アメリカ	イギリス	旧西ドイツ	フランス	日　本
原価内訳〔％〕	人　件　費	17	18	18	24	16
	燃　料　費	15	36	36	12	16
	修繕費その他	10	7	7	5	8
	減価償却費	12	17	13	16	19
	支　払　利　息	8	13	5	12	14
	税　　　金	22	5	15	6	7
	購入電力料	—	—	—	12	9
	そ　の　他	—	1	—	6	5
	利　益　金	16	3	6	7	6
	合　　　計	100	100	100	100	100
総合単価〔円/kWh〕		6.05	6.25	9.00	6.20	6.07
発電量比〔％〕	水力	19.3	2.1	14.8	71.7	37.6
	火力	80.0	97.9	85.2	28.3	63.4
年負荷率〔％〕		65.5	48.4	58.9	63.3	66.9

（1）減価償却費 固定資産の取得価格に対して定額法によって算出した額をいい，耐用年数および残存価額は税法上の規定による．ただし，配電設備の取替資産は取得価額の50％に達するまで減価償却を行い，その後については取替修繕費として取り扱うことになっている．

（2）営　業　費 人件費，燃料費，修繕費，購入電力料，財務費用その

他の費用の合計から関連費用および控除項目の額を差し引いた額をいう。
　（イ）**人　件　費**　　業務遂行上，適正な人員による給与に，税法上認められた退職給与金の額を加算したもの。
　（ロ）**燃　料　費**　　需給計画に基づいた重油，石炭などの燃料所要量に時価を基準とした適正な単価を乗じた額をいう。
　（ハ）**修　繕　費**　　固定資産の機能を維持するための修繕に要する費用で，普通修繕費と取替修繕費との合計をいう。
　（ニ）**購入電力料**　　9電力会社相互間の融通電力料金，卸電気事業者などから購入する電力料金ならびに委託発電費の合計をいう。
　（ホ）**財務費用**　　社債発行差金償却費および株式発行費償却費の合計したもの。
　（ヘ）**その他の費用**　　消耗品費，水利使用料，賃借料，損害保険料，諸費（通信・運搬費，旅費，寄付金，雑費，雑損），電気料貸倒損，その他の費用。
　（ト）**関連費用**　　建設工事および付帯事業費の人件費，その他で，建設工事および付帯事業に振り替えるべき費用。
　（チ）**控除項目**　　融通販売電力料，電気事業雑収益，財務収益の合計額。
　（3）**諸　　　税**　　法人税，事業税，固定資産税，電源開発促進税，雑税の合計額で，税法上の規定によって算出される。なお，一般消費税は消費者負担となる税金で総括原価には含まない。
　（4）**事業報酬**　　事業報酬の決め方は，積上げ方式（資本基準主義）とレートベース方式（資産基準主義）の2通りの方式があるが，現行では後者の方式を採用している。具体的には，事業に対して投下された「真実かつ有効」な資金，すなわち固定資産，核燃料資産，建設中資産，繰延べ資産および運転資本の合計をレートベースとして，これに8％を乗じたものを事業報酬とする。

4.3.3　減　価　償　却

（a）**減価償却の目的と耐用年数**　　電気事業は90％以上の固定資産を有する設備産業であるから，固定資産の減価償却（depreciation）が経理上大きな比重を占めている。固定資産は消耗，老朽化，不要化，旧式化などの原因に

より時々刻々その価値が減少してゆくものであるから、減少した部分を評価して、毎年、帳簿上の価額を減額し、その分だけ償却費として総括原価の中に計上しているわけである。

減価償却を行うために、固定資産が有効に使用し得ると判断される期間を見積もったものが**耐用年数**で、設備の装置、材料別によるほか、「法人税法施行令」(昭40・政97)によって**総合耐用年数**が定められている。**表4.2**は旧大蔵省令(昭39・省25)、および旧通商産業省公益事業局長通達(昭40・公局148)により実施されている現行の耐用年数である。

(**注**) 土地については減価償却できない。

表 4.2 耐 用 年 数

設	備	耐用年数	総合耐用年数 (定額法による)
水力発電設備	構 築 物 機 械 装 置	57 (年) 22	36 (年)
汽力発電設備	構 築 物 機械装置(旧式) 〃 (新式) ばい煙処理施設	41 20 15 7	16
送 電 設 備	木 柱,が い し 鉄塔,コンクリート柱 架 空 線 機 械 装 置	17 50 36 22	27
変 電 設 備	超 高 圧 装 置 そ の 他 装 置	22	22
配 電 設 備	配 電 設 備 需要者屋内計器 柱 上 変 圧 器	22 15 18	20
業 務 設 備		9	15
全 設 備 総 合			22

(**注**) 最近、新汽力発電所は15年に短縮された。

(**b**) **減価償却の方法** 固定資産が耐用年数に達して不要廃棄の状態になったとき、それを売却し得る価額を**残存価額**といい、取得原価の10%と定められ、差引き90%は耐用年数の間に継続して償却を行ってゆく。その方法は、

電気事業固定資産減価償却実施要領（通達・昭50・資庁7933）によって定額法，定率法および取替法などによることが定められている。

（1）定　額　法　現行の料金算定上は定額法が基準となっている。いま，取得価額をP，残存価額をS，耐用年数をNとすると，毎年度の減価償却額Dは

$$D = \frac{P-S}{N} = \frac{0.9P}{N} \quad 〔円〕 \tag{4.1}$$

で表される。これは毎年度の償却費が均等であり，現在および将来の需要家間の負担が公平で，ある意味で合理性がある。

（2）定　率　法　現在一般の企業の経理上行われている方法である。会計年度の頭初の未償却残高に一定の率の償却を行うもので，初期において償却が大きく，年々償却額が逓減してゆく。いま各年度の償却額をD_1，D_2，…，D_iとすると

$$第1年目 \quad D_1 = \left(1 - \sqrt[N]{\frac{S}{P}}\right) \cdot P = \left(1 - \sqrt[N]{\frac{0.1}{1.0}}\right)P \tag{4.2}$$

$$第2年目 \quad D_2 = \left(1 - \sqrt[N]{\frac{S}{P}}\right)P \cdot \left(\sqrt[N]{\frac{S}{P}}\right) \tag{4.3}$$

$$第i年目 \quad D_i = \left(1 - \sqrt[N]{\frac{S}{P}}\right)P \cdot \left(\sqrt[N]{\frac{S}{P}}\right)^{i-1} \tag{4.4}$$

で表される。この方法によれば，減価償却費と修繕費の合計が毎年均等化される傾向があり，能率良く運用して収益力の高い初期に減価償却を大きくとったほうが企業経営安定化のためにも合理的である。定額法と定率法とを比較すれば図4.1のようになる。

（3）取　替　法　ある固定資産について，その取得価額の50％に達したところで減価償却を打ち切り，その後，その固定資産の耐用年数経過後，それと同じ種類および品質のものと取り替えたときに，その取替えに要した金額を修繕費として計上する方法である。固定資産のうち取替法の対象となるものは，送配電設備あるいは業務設備のうち，木柱，電線，添架電話線，柱上変圧

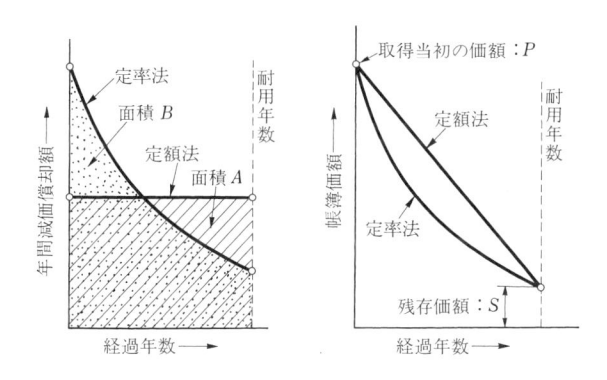

(注) 面積 A = 面積 B

図 4.1　定額法と定率法の比較

器，送電用がいし，地線，配電用電力コンデンサ，保安開閉装置，計器および貸付配線などである。

4.3.4　原　価　配　分

（a）**原価配分の方法**　総括原価を需要種別ごとに配分することを**個別原価計算**といい，これは，総括原価を発電，送電，変電，配電および販売の各部門別に配分し，各部門ごとに固定費，可変費，需要家費に区分し，これらをさらに常時電力，特殊電力などに細かく配分してゆく。常時電力は特別高圧・高圧・低圧電力および低圧電灯に区別される（図 3.4 参照）。

ここで**固定費**は資本費を主体として，営業費のうちの人件費の大部分，修繕費の一部を含むもので，設備の稼動率に関係なく必要とされる経費で，総括原価の 50〜55 ％程度である。**可変費**は人件費と修繕費の一部および燃料費がこれにあたり，設備の稼動率に関連する経費で，総括原価の 30〜35 ％程度である。

需要家費は業務費のうち配電費の一部（需要家設備関連費），販売費の一部（検針，調定費など）からなる経費で 10〜15 ％程度である。

（b）**需要種別間の固定費の配分**　総括原価の半分以上を占める固定費の

需要種別への配分は，おのおのの区分における料金率の決定に大きな影響がある。そのためつぎのような配分方法が研究されている。現在わが国では（1）と（2）の配分法とを組み合わせ，これに（3）の配分法の要素を加味した方法が採用されている。

(1) 電力量配分法　使用電力量に比例して配分する。

(2) 最大負荷配分法　最大電力に比例して配分する。

(3) 尖（せん）頭責任配分法　総合最大負荷時における負荷の大きさに比例して配分する。

(4) リード法（Reed method）　（3）に（2）の方法を加味した形式。

(5) ヒルス法（Hills method）　平均電力をもとにして（3）の方法を付加した形式。

(6) アイゼンメンガー法（Eisenmenger method）　総合ピーク負荷時に応分の分担をし，この分担分と最大負荷の差は負荷率に応じて分担し合う。

(7) グリーン法（Greene method）　（1）と（2）の方法を併用した形式。

(8) 時間帯法　総合負荷曲線の負荷率に寄与する割合を時間帯で区分して分担する。

第5章　自家用電気工作物管理

　第2章，第3章，第4章は主として電気事業関係の計画，調整ならびに電気工作物の工事，維持および運用，経理などを中心として学習してきたが，この章では，需要側の立場としての自家用電気工作物管理について概要を述べる。

5.1　保守管理体制

　電気事業法第3章第2節「事業用電気工作物」において，電気事業用電気工作物と自家用電気工作物の保安のあり方について規定されている。これによると，基本的には電気事業用と自家用はいずれも自主保安を建て前としており，その相違点は，「電気設備技術基準」の中の「電気供給設備の施設（第2章）」か，「電気使用場所の施設（第3章）」か，その保安対象によって区別しているといえよう。これらを要約すると，「保安管理体制の規定」と「施設そのものの保安方法に関する規定」に大別することができる。

　このように電気事業法では，自家用電気工作物設置者に対して，つぎのような保守管理体制の確立と維持を義務づけている。

（1）　保安規程の作成と維持（電気事業法第42条）
（2）　主任技術者の選任と職務（同　上　第43条）
（3）　技術基準の適合と維持（同　上　第39条，第40条）

（a）電気主任技術者の資格と地位　自家用電気工作物の主任技術者資格などについては，**電気法規編4.3節**で述べているように，第1種，第2種，第3種電気主任技術者免状取得者および経済産業大臣通達の基準に適合する有資格者（許可技術者）または委託業者（電気保安協会あるいは主任技術者業務代行業者）のうちから選任しなくてはならない。

主任技術者は，法の定めるところにより，保安の責任者としての権限と義務を有しているのであるから，所属する事業体においてその職責を十分果たせるような組織上の地位が与えられると同時に，その事業体においては，電気の保安に関する事項についての業務を立案，審議，決定の段階で，監督の機能を果たすことができるような運営機構であることが必要である。このようなことから，一般に電気主任技術者は，事業体の中堅管理職（課長または係長クラス）が適任と考えられるが，下層地位の者が選任される場合は，十分保安監督の業務が遂行できるような配慮がなされねばならない。

（b）　保安規程の意義と内容　　前述のように，自家用電気工作物は自主保安体制を定めなくてはならないが，法運用上，その規模を大，中，小に分類し，これらは保安規程の内容にそれぞれ特質をもたせている。

　保安規程の記載事項は，電気事業法施行規則第50条の規定に従って，各事業場などにおける保安の実態に即して自主的に作成してゆくが，その内容を大別するとつぎのような事項となる。

（1）　電気工作物の保安管理組織，保安業務の分掌，指揮命令系統など保安体制の規定

（2）　具体的な保安業務の規定

　保安規程の内容，構成について関東経済産業局監修の「自家用電気工作物必携Ⅰ」では，単一事業場ごとに管理する場合および多数の事業場を管理する場合について，それぞれ実際的な基本モデルを示している。

　多数の事業場を有する事業体では，主任技術者の配属上，兼任のケースが多くなることがある。このようなときは，所轄経済産業局長の承認を得て事業体を一体に集約した保安規程を作成し，個々の事業場または需要設備単位では特別に制定しないこともできる。この際この事業体の全需要設備の保安，監督をつかさどる電気主任技術者は統括主任技術者と呼ばれ，組織上，職制上はスタッフとしての地位と権限が付与されていなくてはならない。以下その実例として関東経済産業局管内に設置している「学校法人 日本大学」の2003年当時の保安規程（抜粋）を示す。

5.1 保守管理体制

[資料] 日本大学保安規程(抜粋)

電力会社名	事業所名	設置場所	業種	主任技術者	同左資格	勤務状況	受電電力圧	発電電力圧	遮断器	電線路電圧	負荷設備

第 1 章 総 則

(目　的)

第 1 条　日本大学が設置する各所における電気工作物の工事，維持および運用を確保するため，電気事業法(昭和39年法律第170号，以下「法」という)第42条の規定に基づき，この規程を定める。

第 2 条　当所の経営者および従業者は，電気関係法令およびこの規程を遵守するものとする。

(細則の制定)

第 3 条　この規定を実施するため必要と認められる場合には，別に細則を制定するものとする。

(規程等の改正)

第 4 条　この規程の改正または前条に定める細則の制定または改正にあたっては，主任技術者の参画のもとに立案し，これを決定するものとする。

第 2 章 保安業務の運営管理体制

(保安業務組織)

第 5 条　電気工作物の工事，維持または運用に関する責任の所在を明確にし，ならびに指揮命令系統および連絡系統を明確にするため，電気工作物の工事，維持または運用に関する保安業務を執行する組織構成はつぎに定めるところによるものとする。

一　理事長は保安業務を統括管理する。また，各学部(法・文理・経済・商・芸術・理工・生産工・歯・松戸歯・生物資源科・薬・国際関係の各学部，医学部及び付属病院)，付属高等学校(以下高校という)においては，それぞれ学部長，事務局長，校長は職能に応じて保安業務を統括管理する。

二．法令およびこの規程に基づく保安監督の職務を適確に，かつ保安業務を円滑に遂行するための指揮命令系統および連絡系統は別添第1図および別添第2図のとおりとする。

三．主任技術者および電気工作物にかかわる保安業務に従事する者は別添第1図および別添第2図のとおり配置する。

(主任技術者の義務および執務)

第 6 条　統括主任技術者は理事長を補佐し，各自家用電気工作物（以下各事業場という）の主任技術者を統括する。各事業場の主任技術者は，学部長，事務局長，校長を補佐して，電気工作物の工事，維持および運用に関する保安監督の業務を適確に遂行しなければならない。

第 7 条　2 以上の事業場を受け持つ主任技術者の執務は，つぎの各号に定めるところにより行うものとする。

　一．出勤する回数は，電気工作物の設置，改造等の工事の場合は週に 1 回以上，その他の場合は 1 月につき 2 回以上とすること。

　二．出勤する時間は，1 回につき 4 時間以上とすること。

2．主任技術者の常時勤務する場所および連絡方法については，受電室その他見やすい箇所に掲示しておくものとする。

第 8 条（設置者の義務）　　　　　第 9 条（従業者の義務）
第 10 条（主任技術者不在時の措置）　第 11 条（主任技術者の解任）

第 3 章　保 安 教 育

第 12 条（保安教育）　　　　　第 13 条（保安に関する訓練）

第 4 章　工事の計画および実施

第 14 条（工事計画）　　　　　第 15 条（工事の実施）

第 5 章　保　　守

第 16 条，第 17 条（巡視，点検，測定）　第 18 条（事故の再発防止）

第 6 章　運転または操作

第 19 条（運転または操作等）

第 7 章　災 害 対 策

第 20 条，21 条（防災体制）

第 8 章　記　　　録（第 22 条）

第 9 章　責 任 の 分 界（第 23 条，24 条）

第 10 章　雑　　則

第 25 条（危険の表示）　　　　　第 26 条（測定器具類の整備）
第 27 条（設計図書類の整備）　　　第 28 条（手続書類等の整備）

別添第 1 図　指揮命令系統図（**図 5.1** に示す）
別添第 2 図　連絡系統図（省略）
別表第 1　　責任分界点および財産分界点（省略）
別添第 3 図　需要設備の構内（省略）
別表第 2～第 5　工事，維持および運用に関する記録および保修記録（省略）

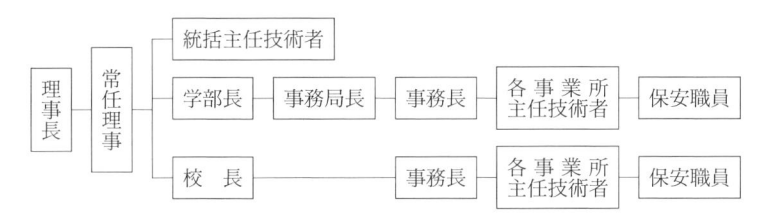

図 5.1 指揮命令系統図

5.2 運営上の諸規定

自家用電気工作物設置者は，その自主保安体制による保安の責任が明確に義務づけられる一方，国の監督行政によって規制される部分があり，これらの内容を**表**5.1に示す。

表 5.1 自家用電気工作物に対する国の監督事項

① 工事計画の認可・届出	（認可事項） 法 47・施行規則 62～64 （届出事項） 法 48・施行規則 65
② 検　　査	（安全管理審査） 法 50 の 2・施行規則 73 （溶接検査） 法 52・施行規則 79～86 （定期検査） 法 54・施行規則 89, 91～95
③ 使用開始届出	（使用開始届） 法 53・施行規則 87, 88
④ 事故その他の報告義務	（報告の徴収） 法 106-2・施行令 5 （定期報告） 電気関係報告規則 4，5 （事故報告） 電気関係報告規則 6 （公害防止関係） 電気関係報告規則 6-2, 6-3
⑤ 立入検査	（立入検査） 法 107・施行規則 133
⑥ 技術基準適合命令ならびに保安規程改善命令	（技術基準適合） 法 40, 41・施行令 3 （保安規程変更） 法 42・施行規則 51

電気工作物の設置，変更，廃止などを行おうとするときには，所定の手続きを経なければならない。これらの手続きの一覧については，電気法規編**第4章**において，自家用電気工作物の区分別に表している。

電気事業法の条文では，経済産業大臣だけが行政官庁の長として規定されているが，監督行政の適正化，または事務手続きの円滑化のため，電気事業法

第114条に基づき，施行令第9条により経済産業大臣の権限事項が所轄経済産業局長に一部委任されている。したがって手続き書類の提出先は権限区分により経済産業大臣または所轄経済産業局長となっている。なお大臣宛の申請書類

表 5.2 自家用電気工作物保安管理関係機関

関係機関名称	所在地	管轄区域	管轄区域の電力会社
経済産業省 資源エネルギー庁 原子力安全・保安院 電力安全課	東京都	全国（自家用電気工作物の設置場所が二つ以上の産業保安監督部の管轄区域にある場合）	——
北海道経済産業局 北海道産業保安監督部	札幌市	北海道	北海道電力
東北経済産業局 関東東北産業保安監督部東北支部	仙台市	青森県，岩手県，宮城県，秋田県，山形県，福島県，新潟県	東北電力
関東経済産業局 関東東北産業保安監督部	さいたま市	茨城県，栃木県，群馬県，埼玉県，千葉県，東京都，神奈川県，山梨県，静岡県のうち熱海市，沼津市，三島市，富士宮市，伊東市，富士市，御殿場市，裾野市，下田市，伊豆市，伊豆の国市，駿東郡，富士郡（芝川町の一部を除く）。	東京電力
中部経済産業局 中部近畿産業保安監督部	名古屋市	愛知県，長野県，岐阜県（北陸産業保安監督署および近畿支部の管轄区域を除く），静岡県（関東東北産業保安監督部の管轄区域を除く），三重県（近畿支部の管轄区域を除く）。	中部電力
中部経済産業局 電力・ガス事業北陸支局 中部近畿産業保安監督部 北陸産業保安監督署	富山市	富山県，石川県，福井県（近畿支部の管轄区域を除く），岐阜県のうち飛騨市（旧神岡町および宮川町の一部に限る）および郡上市（旧白鳥町の一部に限る）。	北陸電力
近畿経済産業局 中部近畿産業保安監督部近畿支部	大阪市	大阪府，京都府，奈良県，滋賀県，和歌山県，兵庫県（中国四国産業保安監督部の管轄区域を除く），福井県のうち小浜市，三方郡，三方上中郡，遠敷郡，大飯郡，岐阜県のうち不破郡関ヶ原町（旧今須村に限る），三重県のうち南牟婁郡および熊野市（旧新鹿村，荒坂村および泊村を除く）。	関西電力
中国経済産業局 中国四国産業保安監督部	広島市	鳥取県，島根県，岡山県，広島県，山口県，兵庫県のうち赤穂市（福浦地区に限る），香川県のうち小豆郡，香川郡直島町，愛媛県のうち今治市（旧越智郡吉海町，宮窪町，伯方町，上浦町，大三島町および関前村に限る），越智郡上島町。	中国電力
四国経済産業局 中国四国産業保安監督部四国支部	高松市	徳島県，香川県（中国四国産業保安監督部本部の管轄区域を除く），愛媛県（中国四国産業保安監督部本部の管轄区域を除く），高知県	四国電力
九州経済産業局 九州産業保安監督部	福岡市	福岡県，佐賀県，長崎県，大分県，熊本県，宮崎県，鹿児島県	九州電力
内閣府・沖縄総合事務局経済産業部 那覇産業保安監督事務所	那覇市	沖縄県	沖縄電力

を提出するときは，その写し1通を所轄の局長に提出しなくてはならない。**表 5.2** は各地方経済産業局並びに産業保安監督部（ただし，北陸では「監督署」，沖縄では「監督事務所」）の管轄区域の一覧表である。このうち，事故報告（p.60，表4.3参照），公害防止等の届出，自家用電気工作物の発変電・送配電設備の変更等の場合には，産業保安監督部への報告義務が課せられている。

平成11年度のわが国の自家用電気工作物設置者の数は**表5.3**のとおりで，このうち高圧需要家の数は全自家用需要家の96％を超えており，その実数は毎年増加している。

表 5.3（1） 自家用電気工作物設置件数

（平成11年度）（単位：件）

経産局＼規模別	低 圧	高 圧	特別高圧	合 計	構成比〔％〕
北海道	1 209	24 987	111	26 307	3.9
東 北	3 826	64 678	545	69 049	10.3
関 東	2 907	222 751	3 164	228 822	34.2
中 部	1 755	89 522	1 084	92 361	13.8
北 陸	431	20 087	151	20 669	3.1
近 畿	1 050	101 345	1 925	104 320	15.6
中 国	1 415	37 305	370	39 090	5.8
四 国	835	22 368	107	23 310	3.5
九 州	4 612	56 568	482	61 662	9.2
沖 縄	491	3 899	36	4 426	0.9
合 計	18 531	643 510	7 975	670 016	100.0
構成比〔％〕	2.8	96.0	1.2	100.0	──

表 5.3（2） 自家用電気工作物設置件数年度別推移

（単位：件）

年度＼規模別	低 圧	高 圧 500 kW 未満	高 圧 500 kW 以上	特別高圧	合 計
昭和41	10 987	96 381	3 593	2 873	114 194
45	13 250	171 133	7 009	3 652	195 044
50	14 163	274 224	10 762	4 730	303 879
55	17 051	368 839	14 207	5 416	405 513
60	20 117	439 490	16 323	6 150	482 080
平成2	22 930	525 403	25 722	6 834	580 889
7	16 201	662 942	34 340	8 259	721 562
11	18 531	608 055	35 455	7 975	670 016

参 考 文 献

主として「**法令**」に関する文献

編著者	書名	出版社
通商産業省編	通商産業六法	通商産業調査会
野村好弘他編	環境公害六法	学陽書房
東洋法規出版編	電気事業関係法令集	東洋法規
全国加除法令出版編	消防関係法規集	全国加除法令
消防庁予防課編	消防管理者・消防設備士早見法令集	全国加除法令
帝国地方行政学会編	公害関係法令・解説集	帝国地方行政学会
環境庁編	環境白書	大蔵省
通商産業省公益事業局編	電気設備の保安規程	日本電気協会
同　上	電気用品取締法関係法令集	同　上
同　上	解説・電気設備の技術基準	綜合図書
学陽書房編	建設小六法	学陽書房
水越義孝著	図解建築法規	新日本法規
学陽書房編	電波小六法	学陽書房
電波振興会編	教育用電波法令集	電波振興会
草部宏成著	近代電気通信法規	電気書院
伊東貞雄著	解説電波法規	東京電機大学
電気学会編	電気法規・技術基準解説	電気学会

主として「**施設管理**」に関する文献

編著者	書名	出版社
日本電気協会編	電気設備の生産保全	日本電気協会
電気事業連合会編	電気事業便覧	同　上
通商産業省公益事業局編	電気事業の現状（電力白書）	同　上
同　上	電力需給の概要	中和印刷
通商産業省公益事業局編	電源開発の概要	奥村印刷
東京経済産業局公益事業部編	解説自家用電気工作物必携	綜合図書
電気学会編	電気施設管理	電気学会
海外電力調査会編	欧米の電気料金	海外電力調査会

「**法令**」,「**施設管理**」双方に関する文献

オーム社編	電気施設管理・法令ハンドブック	オーム社
電気学会編	電気施設管理と法規解説	電気学会
竹野正二ほか共著	電気法規と電気施設管理	東京電機大学
井上力ほか共著	近代電気法規・施設管理	電気書院
東京電力（株）ほか各電力会社	電気供給約款	各電力会社

索　　引

い
一般送配電事業	20
一般送配電事業者	20
一般用電気工作物	28, 30, 62, 70

え
SI	110
エネルギー管理士	122

お
卸供給事業者（IPP）	175
卸電力取引所	23, 24

か
火主水従	158
火主水従方式	178
渇　水	170
可能発電力	170
火力可能稼動率	171
火力可能出力	171
簡易電気工事	63
環境基本法	124

き
基本単位	110
給電業務	192
供給設備（発電所）運用の原則	175
供給予備率	173
供給予備力	173
供給力の不足率	173
共同発電事業者	146
許可技術者	38

け
型式認可	74
型式の区分	76
計量器	113
計量単位	107
計量法	106
原価配分	209
建設業法	83
建築基準法	83
建築設備	83
建築物	83
検定（計量器の）	114
検定公差	114

こ
広域運営	158
広域的運営	26
公営電気事業者	145
工業標準化法	82
工事担任者	138
小売電気事業	19
小売電気事業者	19
国際単位系	110

さ, し
最大電力バランス	173
自家用電気工作物	29, 70
時間帯料金制	203
事業用電気工作物	29, 30
事故報告	59
自主保安	32, 211
地震対策強化地域	32
JIS	82
JISマーク	82
指定検定機関	114
指定試験機関	57
周波数分布	148
従量料金制	203
出水率	170
受電用遮断器	59
主任技術者業務の委託	38
主任技術者の兼任	41
主任技術者の選任	34
主任電気工事士	71
需要率	163
省エネルギー法	120
常時出力	168
常時ピーク出力	168
小出力発電設備	29
承認検査機関	82
消防設備士	98
消防対象物	94
消防法	83
証明用計器	113
振動規制法	131

す〜そ
水主火従方式	178
製造事業者	76
設備利用率	171
選択約款	196
総合料金制	203
騒音規制法	129

た, つ
第三者検査機関	82
第1種電気工事士	70
第2種電気工事士	70
断路器	59
通知電気工事業者	70, 71

索引

て

定額法	208
定額料金制	203
定率法	208
電気管理士	122
電気供給約款	196
電気工作物	22
電気工事業	70
電気工事士	63
電気工事士法	62
電気工事施工管理技士	93
電気事業	19
電気事業会計規則	27, 195
電気事業者	22
電気事故	186
電気主任技術者	211
電気主任技術者国家試験	57
電気設備	86
——に関する技術基準	102
電気通信事業法	138
電気通信主任技術者	139
電気の質	25
電気用品安全法	74
電気料金制度	201
電源三法	118
電食障害	186
電波障害	186
電波法（制定）	134
電力系統	189
電力貯蔵用新型電池	159
電力損失	174

| 電力損失率 | 174 |

と

登録調査機関	50, 52
登録電気工事業者	70, 71
特殊建築物	84
特殊出力	168
特殊電気工事	64
特種電気工事資格者	64
特定計量器	107
特定送配電事業	21
特定送配電事業者	21
特定電気用品	74, 75, 77
土地収用法	119
取替法	208
取引用計器	112

に

日本原子力発電株式会社	146
日本工業規格	82
認定検査機関	82
認定電気工事従事者	64

は, ひ

波及事故防止	59
発電用燃料	179
日負荷曲線	160
避雷針	87
避雷設備	86

ふ, へ

| 負荷曲線 | 160 |
| 負荷持続曲線 | 163 |

負荷率	163
不等率	165
振替供給	19
分散形電源	159
平 水	170

ほ

保安規程	31, 32, 212
防火対象物	94
豊 水	170
補給出力	168
補給ピーク出力	168

む

無線局	134
無線従事者	135, 136
無線従事者国家試験	136

や

| ヤードスティック査定 | 202 |
| ヤードスティック方式料金制度 | 202 |

ゆ, よ

| 誘導障害 | 185 |
| 予備出力 | 169 |

り

| 力率に関する約款 | 200 |
| 利用率 | 170 |

―― 著者略歴 ――

松浦　正博（まつうら　まさひろ）
1951 年　日本大学工学部（旧制）電気工学科卒業
1969 年　日本大学助教授
1982 年　日本大学教授
1998 年　日本大学講師（非常勤）
1999 年　芝浦工業大学大学院客員教授
2003 年　日本大学定年退職

蒔田　鐵夫（まきた　てつお）
1971 年　日本大学生産工学部電気工学科卒業
1973 年　日本大学大学院修士課程修了
1999 年　日本大学助教授
2000 年　博士（工学）（日本大学）
2010 年　日本大学教授
2017 年　日本大学定年退職

電気法規および施設管理
Electric Related Law and Management of Electrical Installation

© Masahiro Matsuura, Tetsuo Makita 2003

2003 年 12 月 26 日　初版第 1 刷発行
2021 年 2 月 20 日　初版第 6 刷発行

検印省略	著　者	松　浦　　正　博
		蒔　田　　鐵　夫
	発行者	株式会社　コロナ社
		代表者　牛来真也
	印刷所	壮光舎印刷株式会社
	製本所	株式会社　グリーン

112-0011　東京都文京区千石4-46-10
発行所　株式会社　コロナ社
CORONA PUBLISHING CO., LTD.
Tokyo Japan
振替00140-8-14844・電話(03)3941-3131(代)
ホームページ https://www.coronasha.co.jp

ISBN 978-4-339-00762-6　C3054　Printed in Japan　　　　（横尾）

[JCOPY] ＜出版者著作権管理機構　委託出版物＞
本書の無断複製は著作権法上での例外を除き禁じられています。複製される場合は，そのつど事前に，出版者著作権管理機構（電話03-5244-5088，FAX 03-5244-5089，e-mail: info@jcopy.or.jp）の許諾を得てください。

本書のコピー，スキャン，デジタル化等の無断複製・転載は著作権法上での例外を除き禁じられています。購入者以外の第三者による本書の電子データ化及び電子書籍化は，いかなる場合も認めていません。
落丁・乱丁はお取替えいたします。